职业技能培训丛书

浙江省职业技能教学研究所 组织编写

营磊 主编

# 创意动画设计与制作

浙江科学技术出版社

图书在版编目(CIP)数据

创意动画设计与制作 / 营磊主编;浙江省职业技能教学研究所组织编写. —杭州:浙江科学技术出版社,2015.6
(职业技能培训丛书)
ISBN 978-7-5341-6714-0

Ⅰ.①创… Ⅱ.①营…②浙… Ⅲ.①动画制作软件—技术培训—教材 Ⅳ.①TP391.41

中国版本图书馆CIP数据核字(2015)第130673号

丛书名 职业技能培训丛书
书　名 创意动画设计与制作
组织编写 浙江省职业技能教学研究所
主　编 营 磊

出版发行 浙江科学技术出版社
杭州市体育场路347号 邮政编码:310006
办公室电话:0571-85176593
销售部电话:0571-85176040
网 址:www.zkpress.com
E-mail:zkpress@zkpress.com
排　版 杭州大漠照排印刷有限公司
印　刷 杭州杭新印务有限公司
经　销 全国各地新华书店

开　本 787×1092 1/16　印　张 10.25
字　数 237 000
版　次 2015年6月第1版　2015年6月第1次印刷
书　号 ISBN 978-7-5341-6714-0　定　价 36.00元



责任编辑 罗 璀　责任美编 孙 菁
责任校对 刘 燕　责任印务 崔文红

## 职业技能培训丛书编辑指导委员会

主　　任　吴顺江

副 主 任　傅　玮　黄亚萍　蔡国春　郭　敏　宓小峰
　　　　　龚和艳　仉贻泓

委　　员　（按姓氏笔画排列）
　　　　　王丁路　王如考　王伯安　石其富　朱旭峰
　　　　　巫惠林　吴　钧　吴招明　吴善印　沈国通
　　　　　陈进达　陈国妹　陈树庆　邵全卯　林雅莲
　　　　　项　薇　洪在有　虞秀军　鲍国荣

## 职业技能培训丛书编辑工作组

组　　长　石其富　王丽慧

成　　员　巫惠林　余晓春　曹小其　谢志远
　　　　　谢卫民　方家友　朱　静　蒋文华

本册主编　营　磊

本册副主编　胡青玲　金国镇

本册编著者　营　磊　胡青玲　金国镇　赵杨洪
　　　　　　周丽燕　骆成康

本册主审　曹小其

# 前 言

职业技能培训是提高劳动者技能水平和就业创业能力的主要途径。大力加强职业技能培训工作，建立健全面向全体劳动者的职业技能培训制度，是实施扩大就业的发展战略，解决就业总量矛盾和结构性矛盾，促进就业和稳定就业的根本措施；是贯彻落实人才强国战略，加快技能人才队伍建设，建设人力资源强国的重要任务；是加快经济发展方式转变，促进产业结构调整，提高企业自主创新能力和核心竞争力的必然要求；也是推进城乡统筹发展，加快工业化和城镇化进程的有效手段。为认真贯彻落实全国、全省人才工作会议精神和《国务院关于加强职业培训促进就业的意见》《浙江省中长期人才发展规划纲要（2010—2020年）》，切实加快培养适应我省经济转型升级、产业结构优化要求的高技能人才，带动技能劳动者队伍素质整体提升，浙江省人力资源和社会保障厅规划开展了职业技能培训系列教材建设，由浙江省职业技能教学研究所负责组织编写工作。该系列教材第四批共7册，主要包括东阳竹工艺技工教程、电子商务之玩转淘宝、现代农业与农民创业指导、创意动画设计与制作等地方产业、新兴产业以及特色产业方面的技能培训教材。本系列教材针对职业技能培训的目的要求，突出技能特点，便于各地开展农村劳动力转移技能培训、农村预备劳动力培训等就业和创业培训，以及企业职工、企业生产管理人员技能素质提升培训。本系列教材也可以作为技工院校、职业院校培养技能人才的教学用书。

《创意动画设计与制作》一书用于动漫专业的必修基础课，以培养具备数字化动画能力和专业技能的卡通动画人才为目标，遵循传统手绘动画的基本要点为主线，以数字工具创新应用进行更新和调整，结合当前较为流行的卡通动画作品案例，系统讲解卡通动画中手绘动画的制作概述、制作工具、角色设计、场景设计、原画解析、中间画解析、运动规律解析等基础知识要点，并注重通过强化训练提高应用技能与能力。

本书共含3个项目24个分镜，详细讲解了Flash完整动画短片的制作方法及技巧。每个项目的主要内容如下：项目一"梦想起航"主要介绍了如何利用Flash软件绘制动画角色；项目二"梦想历程"主要介绍了Flash中的场景设计及分镜动画的制作；项目三"梦想实现"在Flash动画中融合创意设计，加入音乐及舞动等时尚元素，通过简单脚本的控制完成动画成片。

本书图文并茂、通俗易懂、突出实用性，既可作为中职、技工院校动漫类专业课教材使用，也可以作为动漫设计企业和动画制作公司从业者的职业教育岗位培训教材，对于广大动漫自学者也是非常有益的参考读物。

本书由浙江省机电技师学院的动画绘制员技师营磊担任主编，胡青玲、金国镇老师担任副主编，其中预备知识、项目一由营磊编写；项目二由胡青玲、金国镇编写；项目三由赵杨洪、周丽燕、骆成康编写。高级讲师曹小其负责全书的主审。

由于编者水平有限，书中难免出现一些缺陷与不足，敬请读者批评指正。

**浙江省职业技能教学研究所**

**2014年3月**

# 作品展示

分镜1　出现LOGO

分镜2　男孩正面

分镜3　男孩半面

分镜4　标题

分镜5　雪人

分镜6　天使

分镜7　放飞梦想

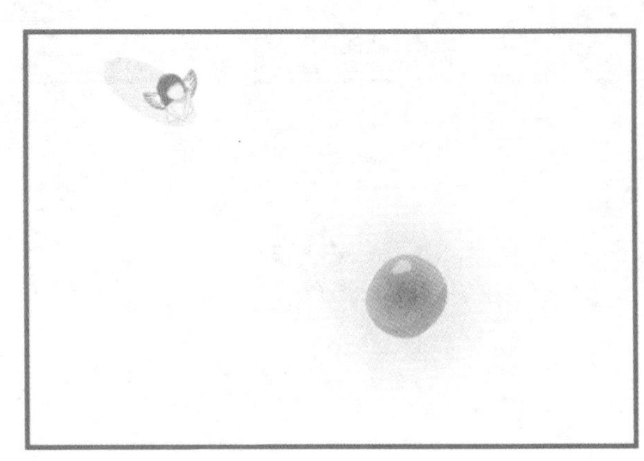

分镜8　仰望种子

分镜9　种子飞翔

分镜10　飘过海洋

分镜11　越过荒漠

分镜12　飞向蓝天

分镜13　萌发梦想

分镜14　梦想发芽

分镜15　花瓣飘过

分镜16　漫天花海

分镜17　播撒种子

分镜18　越过大海

分镜19　穿越山丘

分镜20　印入脑海

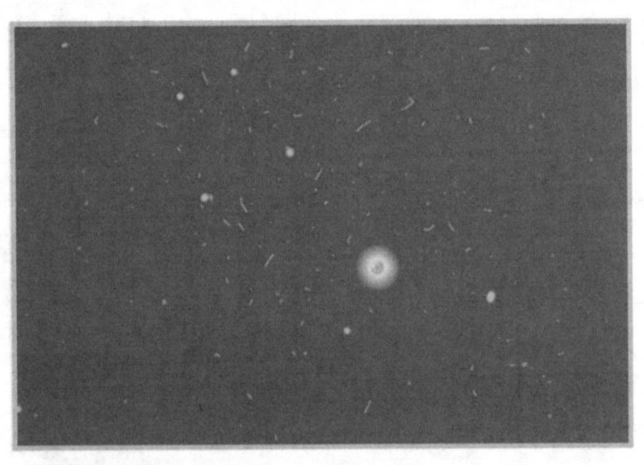

分镜21　穿越星空

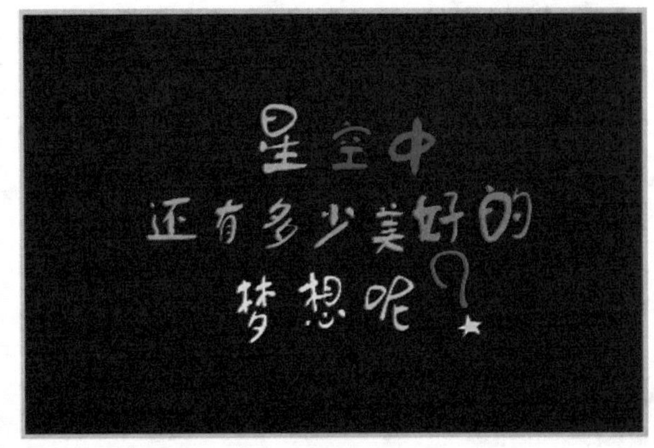


分镜22　星空醒悟

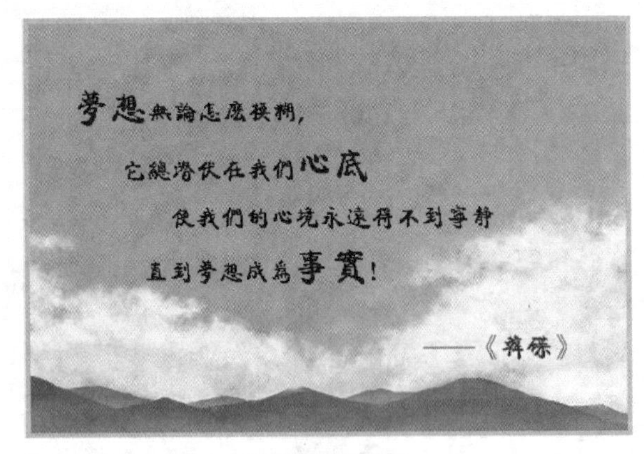


分镜23　标语

分镜24　结尾

Contents 目录

# 初识Flash CS6

## 一、认识Flash CS6软件

Flash CS6是专用于交互式的矢量图形动画设计制作软件，可将音乐、声效、动画、交互方式、界面融合在一起做出高品质的动态效果。

目前，Flash的应用领域很广，包括教学课件、网页、动画短片、多媒体光盘、网络视频片头、动画游戏制作、广告设计等。教学课件和动画短片分别如图1和图2所示，为不同类型的Flash应用领域。在本书中，将集中讲解如何利用Flash CS6制作一部完整的动画片。

图1　教学课件

图2　动画短片

## 二、Flash 的主要特点

1. Flash的优势是基于矢量的动画制作，不论把矢量图放大多少倍，其清晰度不变，因为矢量其实就是一个算术式，计算机根据这个算术式而生成图像，所以它不像一般的gif格式，当放大矢量图的时候，不会模糊或起锯齿。因为Flash的文件格式比较小，更适合在网上传播。

2. Flash制作简单，通用性比较好，涉及的领域多，只要有足够的想象力，有创意，懂得一定的Flash软件知识和绘画技能，就能够创作出非常精致的Flash动画，是一款优秀的动画制作工具。

3. Flash的播放采用数据型的传输原理，方便快捷，在网上播放时能够实现动画边下载边演示，十分有利于在网络中的传播。

4. Flash的应用前景广阔，因为其自由度很高，它不仅在动画制作、游戏制作等方面有突出表现，甚至也已经应用到工业设计、生产设计等各个方面。因此，Flash的前景是非常光明的。

## 三、Flash CS6界面组成及主要功能

启动Flash CS6 后，其工作界面如图3所示。

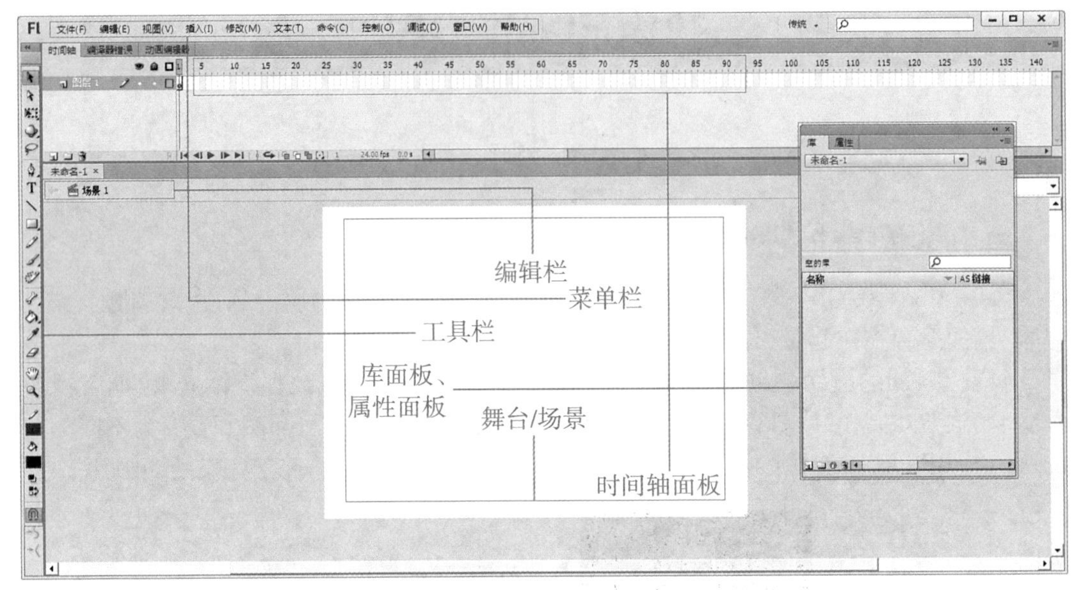


图3 Flash CS6工作界面

菜单栏：菜单栏包含着Flash CS6 中能够用到的全部功能，每个菜单又包含一些详细的子菜单。此处与其他计算机软件相似。

编辑栏：在同时使用多个Flash文件时，为了方便在各个文件之间的移动，特别添加了切换功能。同时，还可以轻松实现场景和元件之间的切换，使用图标按钮选定场景或者元件就能够进行编辑。

时间轴面板：时间轴是Flash CS6 界面中最重要的组成部分。左右方向表示时间，上下方向表示空间前后遮挡的层级关系。可以根据从下向上积累的图层和从左到右展现的帧数设定对象该如何出现、如何变化又如何消失。

工具栏：工具栏里含有铅笔、钢笔、刷子等能够帮助完成基本绘图工作的多种操作工具，可以使用这些工具绘图、上色或者选择对象进行修正等。

舞台/场景：属于工作区域，在这里可以绘制图像或动画影片。也可以说是多个对象聚集在一起进行演出，输出后的影片只显示白色区域，灰色的编辑区则不显示。

库面板：是用来管理对象的存储器，能够存储图像、元件、音频、视频文件，必要时可以拿到舞台或者其他库中使用。一旦制作出元件或者创建出图像、视频、音频，它们就能够自动在库中生成。

属性面板：显示被选对象的各种属性并对其进行修改。属性的内容和选项随着对象种类的不同而有所不同。

## 四、任务中涉及的Flash CS6 的基本概念

### （一）场景

1. 场景介绍。

场景也称舞台，是Flash作品最终进行合成的地方，所制作的元件、视频、音频等元素都要放入场景中，在输出播放时才会显现。场景的大小、背景颜色、帧频等都可以通过场景的文档设置来调整。场景文档设置的调整是通过执行菜单栏中“修改→文档”命令来完成的（图4），在弹出的“文档设置”对话框中进行设置，如图5所示。

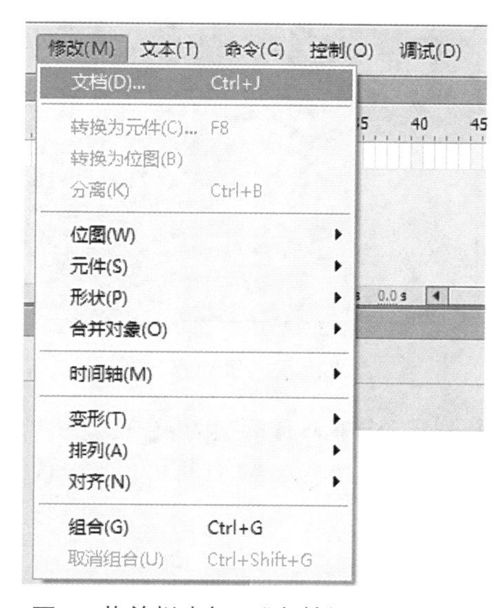


图4　菜单栏中打开“文档设置”对话框

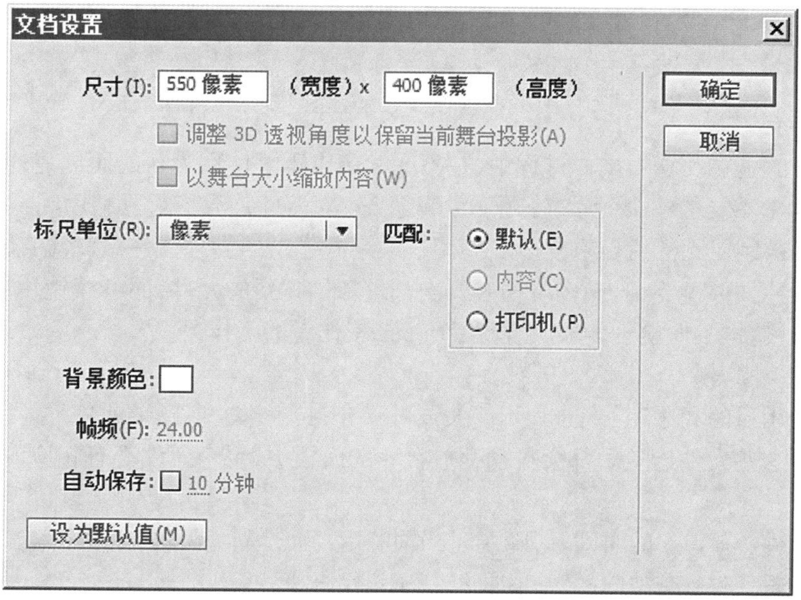

图5　“文档设置”对话框

2. 场景面板。

场景面板是动画制作中的常用工具之一，因为有些动画制作的内容多、时间长、场景也不同，在用一个场景制作后进行调整比较烦琐，因此需要进行多场景的制作，以便于观看和调整。场景面板如图6所示。

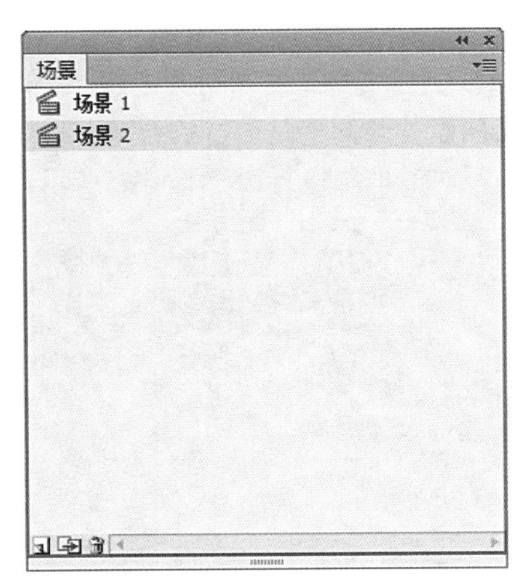


图6 场景面板

场景面板的下方有三个按钮，从左到右依次为：直接复制场景、添加场景、删除场景。

直接复制场景：选中某一场景后，点选该按钮，可以直接复制一个与选中场景内容完全相同的场景。

添加场景：可以添加多个场景。

删除场景：将选中的场景删除。

如果想改变场景的名称，只需在场景面板中选中要改变名称的场景，然后双击，即可输入新名称。

（二）元件

1. 元件介绍。

元件指的是在动画的操作过程中，在不同帧中以重复使用为目的而创建的对象。元件是Flash中非常重要的一个元素，使用非常频繁。建立元件是为了重复利用同一个对象。如果一个对象被制成元件后再重复多次使用，最终制作出的影片文件量就比直接使用对象制作出的影片文件量要小，操作时不必每次都重新创建新的元件，而继续使用创建过一次的元件即可，这样不但便于传输，也能减小Flash制作者的工作量。

2. 元件类型及特点。

根据使用目的和用途的不同，元件大致可以分为三种类型：图形元件、影片剪辑元件、按钮元件。这些元件建立后都会自动存放在库的面板中，每个元件都有相应的图标显示，如图7所示。

图形元件：有独立的时间轴，随主时间轴的运行而运行，不能加入代码。

影片剪辑元件：有独立的时间轴，可以加入代码。

按钮元件：只有四个关键帧，可以加入代码。

图7 元件的三种类型

元件都有一个唯一的时间轴、场景以及图层。如何选择元件类型，取决于在Flash制作中使用该元件的目的。例如，对于静态图形或动画片段，可以使用图形元件，图形元件与影片的时间轴同步运行。交互式控件和声音不会在图形元件的动画序列中起作用。

（三）图层

1. 图层介绍。

图层可以理解为Flash中各内容的摆放顺序。图层中的对象按照图层由上到下的顺序，可以理解为是一层一层重叠放置在一起的，如果是同一区域的对象，会随图层由上至下产生相互间的遮挡关系，图层效果如图8所示。

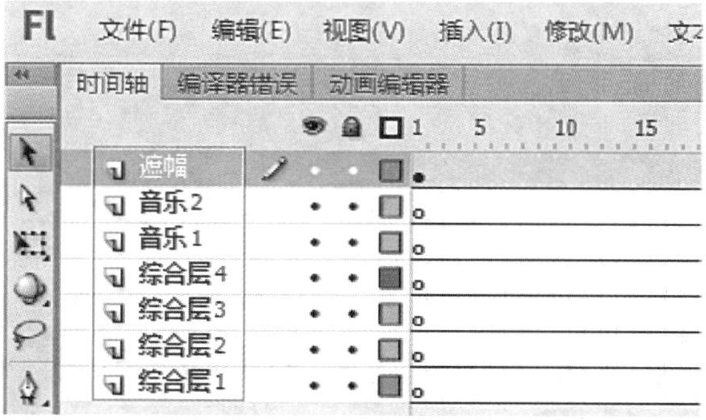

图8 图层效果

2. 图层特点。

在Flash中，图层就像透明的胶片一样，一层层地向上叠加，可以在一个图层上绘制和编辑对象，而不会影响其他图层上的对象。图层的表现方式如图9所示。

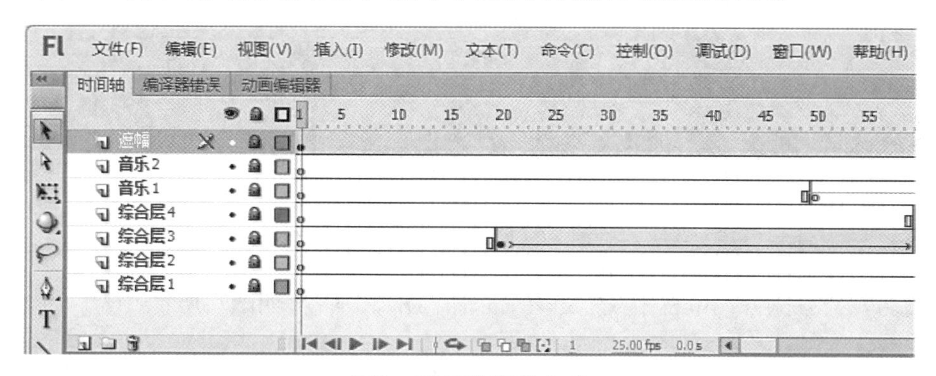


图9 图层的表现方式

要绘制、上色或者对图层或文件夹作其他修改，需要选择该图层以激活它。图层或文件夹名称旁边的铅笔图标表示该图层或文件夹处于活动状态。虽然一次可以选择多个图层，但是一次只能有一个图层处于活动状态。

当创建了一个新的Flash文档之后，它就包含了一个图层。可以添加更多的图层，以便在文档中组织很多元素。创建的层数不会增加发布影片的文件大小。

3. 图层操作。

(1) 创建图层。

创建一个新图层后，它将出现在所激活图层的上面。新创建的图层将成为被激活的图层。创建图层有以下几种方法。

① 方法一：单击时间轴底部的"添加图层"按钮，即在原图层上方出现新的图层，如图10所示。

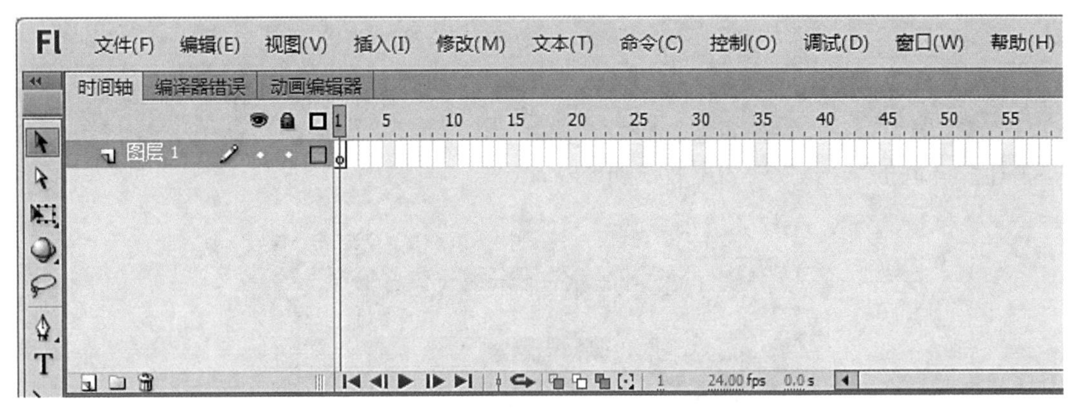


(a) 未创建新图层前

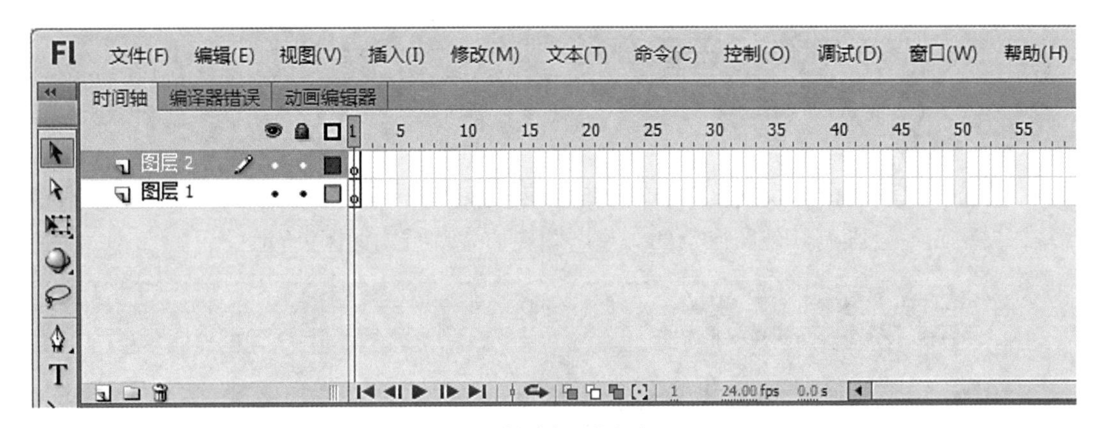


(b) 创建新图层后

图10 创建图层方法一

② 方法二：执行菜单栏中"插入→时间轴→图层"命令，如图11所示。

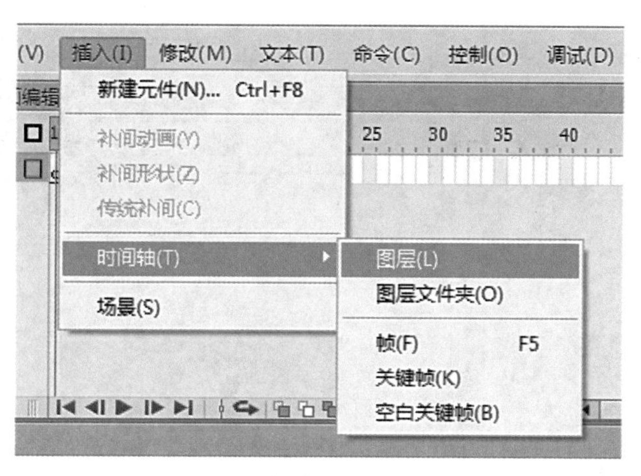


图11 创建图层方法二

③ 方法三：用鼠标右键单击时间轴中的一个图层名，在弹出的快捷菜单中选择“插入图层”命令，如图12所示。

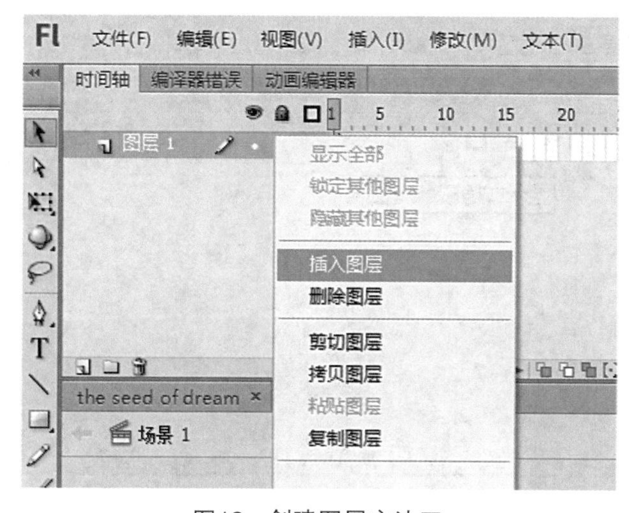


图12 创建图层方法三

（2）查看图层。

在制作过程中，可以显示或隐藏图层或文件夹，图层或文件夹名称旁边的红色叉号表示它处于隐藏状态。当发布影片时，将不会保留隐藏的图层。

为了区分对象所处的图层，可以用彩色轮廓显示图层上的所有对象，可以更改每个图层使用的轮廓颜色。

可以在时间轴中更改图层的高度，从而在时间轴中显示更多的信息。要更改时间轴中显示的层数，可拖动分隔舞台和时间轴的图层。

（3）显示或隐藏图层。

① 单击图层名称右侧的“眼睛”列，可以显示或隐藏该图层或文件夹，如图13所示。

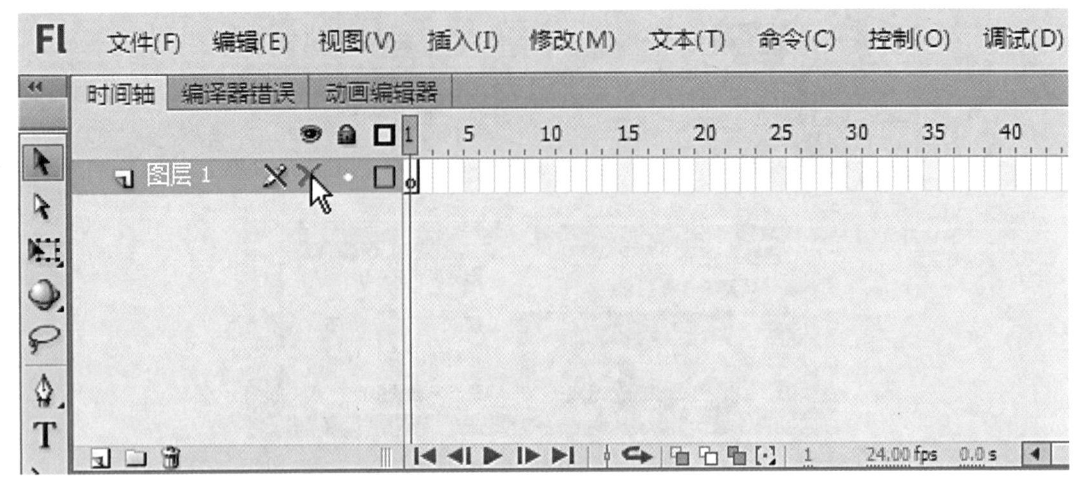


图13　显示或隐藏图层

② 单击“眼睛”图标可以显示或隐藏所有的图层或文件夹，如图14所示。

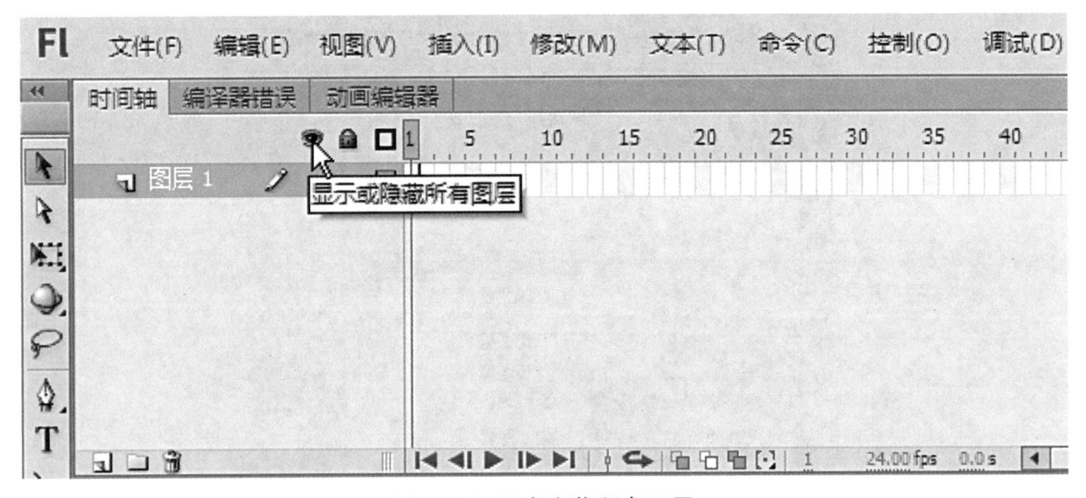


图14　显示或隐藏所有图层

③ 在“眼睛”列中拖动鼠标，可以显示或隐藏多个图层或文件夹。

④ 按住“Alt”键单击图层右侧的“眼睛”列，可以显示或隐藏所有其他的图层或文件夹。

(4) 更改轮廓颜色、高度。

选中需要修改的图层，执行菜单栏中“修改时间轴图层属性”命令(或双击所选图层名称左侧图标)，弹出“图层属性”对话框，单击“轮廓颜色”选项，选择新的颜色，输入颜色的16进制值或单击颜色选择器按钮选择一种颜色。在“图层属性”对话框中，单击“图层高度”选项，重新确定高度比例，更改图层属性，如图15所示。

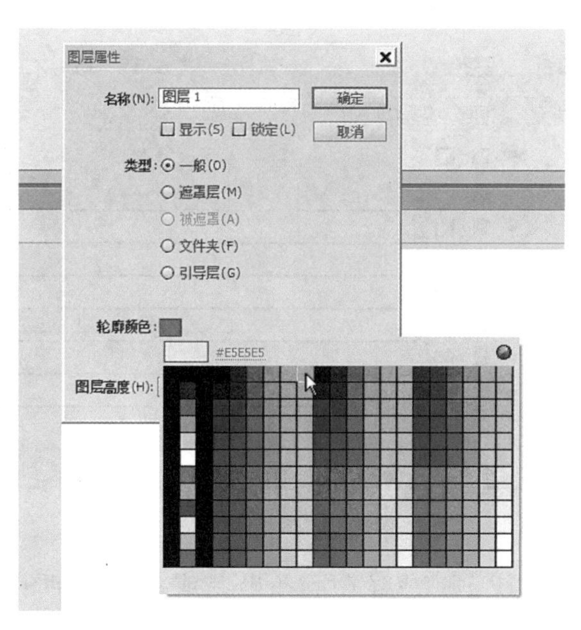


图15 更改图层属性

最后单击“确定”按钮，更改后的图层轮廓颜色、高度如图16所示。

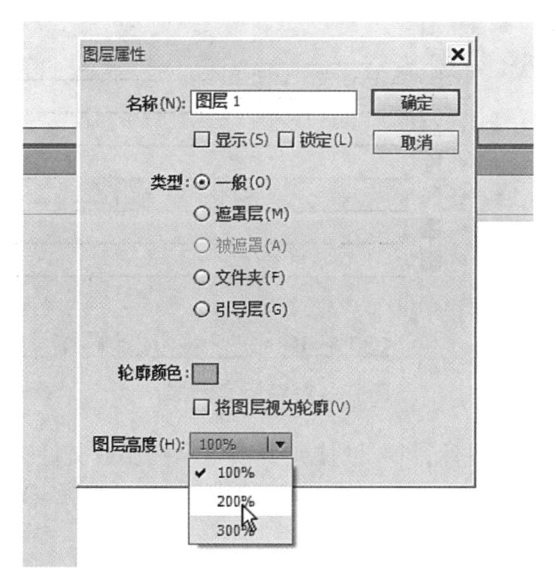


图16 更改后的图层轮廓颜色、高度

（5）锁定图层。

在制作过程中，可以根据需要锁定或解锁图层或文件夹，图层或文件夹名称旁边的小锁头表示它处于锁定状态。当编辑影片时，锁定的图层就不会被编辑。

锁定或打开图层，有以下几种方法：

① 单击图层名称右侧的“锁定”列，可以锁定或解锁该图层或文件夹，如图17所示。

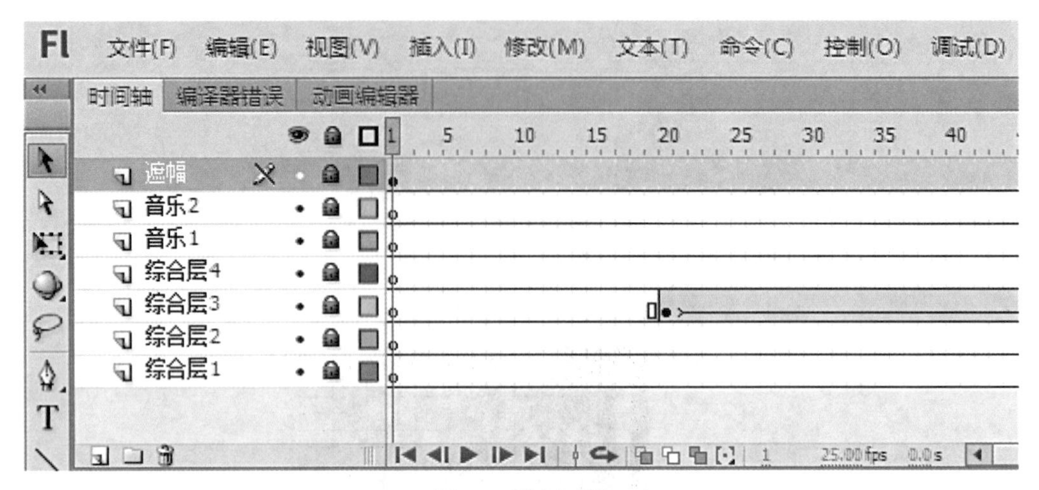


图17　锁定图层

② 单击“锁定”图标可以锁定或解锁所有的图层或文件夹，如图18所示。

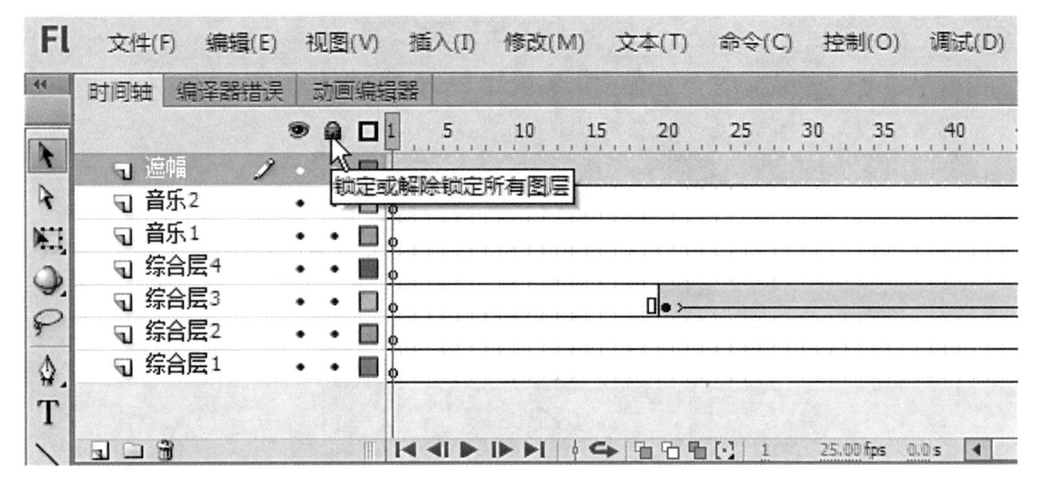


图18　解锁所有图层

③ 在“锁定”列中拖动鼠标，可以锁住或解锁多个图层或文件夹。

④ 按住“Alt”键单击图层右侧的“锁定”列，可以锁定或解锁所有其他的图层或文件夹。

（四）帧的概念

众所周知，电影是由一格一格的胶片按照先后顺序播放出来的，由于人眼有视觉暂留现象，这一格一格的胶片按照一定速度播放出来，人们就会觉得那些画动起来了。动画制作应用的也是这个原理，而这一格一格的胶片，就是Flash中的帧。

帧是进行Flash动画最基本的单位，每一个精彩的Flash动画都是由很多个精心雕琢的帧构成的，在时间轴上的每一帧都可以包含需要显示的所有内容，包括图形、各种素材和其他多种对象。对于帧，有几种基本的类型和概念：

① 关键帧：顾名思义，是有关键内容的帧，是用来定义动画变化、更改状态的帧，即编辑舞台上存在实例对象并可对其进行编辑的帧。

② 空白关键帧:空白关键帧是没有包含舞台上的实例内容的关键帧。

普通帧:在时间轴上能显示实例对象,但不能对实例对象进行编辑操作的帧。

制作逐帧动画,就是在连续的关键帧中分解动画动作,也就是每一帧中的内容不同,连续播放而成的动画。这种制作方法较为烦琐,增加了制作负担而且最终输出的文件量也很大,但它的优势也很明显,能够很好地体现各种动画效果。

(五)时间轴

在Flash中,对象的操作都离不开时间轴,时间轴用于组织和控制动画内容在一定时间内播放的层数和帧数。与胶片一样,Flash动画也将时长分为帧。时间轴的主要组件是图层、帧、播放头。

## 五、Flash CS6 动画技巧

(一)动作补间动画

1. 动作补间动画介绍。

Flash动画最鲜明的特征之一就是利用补间的方式进行动画创作。补间就是在两个关键帧内制作所需的变化,然后运用补间命令使两个关键帧之间生成中间过渡的动画形式。补间动画包括两种基本类型:一种是动作补间,另一种是形状补间。动作补间动画是常用的一种渐变方式,主要制作对象从一个地方向另一个地方进行位置、大小、旋转、色彩、透明度之间的过渡。

利用动作补间,只要对关键帧中的对象进行色彩、大小、透明度、位置等改变,中间过程就会自动形成,如图19所示。

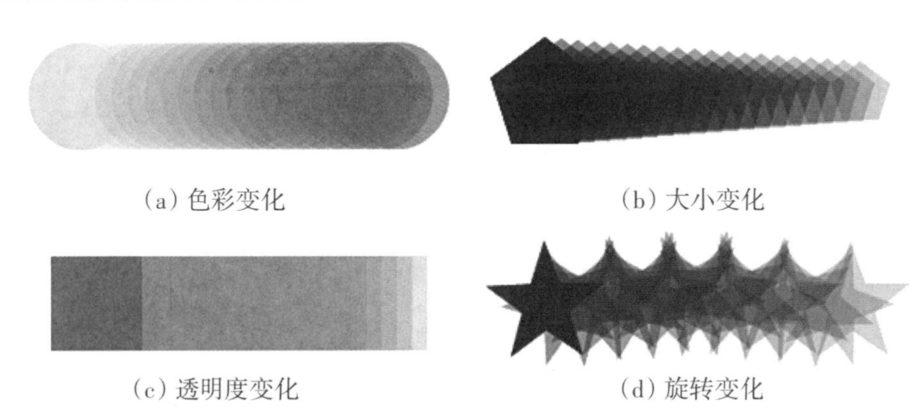

(a)色彩变化　(b)大小变化

(c)透明度变化　(d)旋转变化

图19　动作补间动画变化的形式

2. 动作补间动画的特点。

(1)必须具有初始帧和结束帧,并且两个帧都必须是关键帧。

(2)关键帧中的内容是形状变化起始和结束时的两个结果。

(3)两个关键帧必须在同一个图层才可制作动作补间动画。

(4)每个关键帧中的内容必须是元件或者组合(而不能是具有分离属性的对象),如果具有元件、组合属性的内容,一般表现为选中对象后,对象周围有一个方框,如图20所示。

如果具有分离属性的内容,一般表现为选中对象后,对象上有白点,如图21所示。

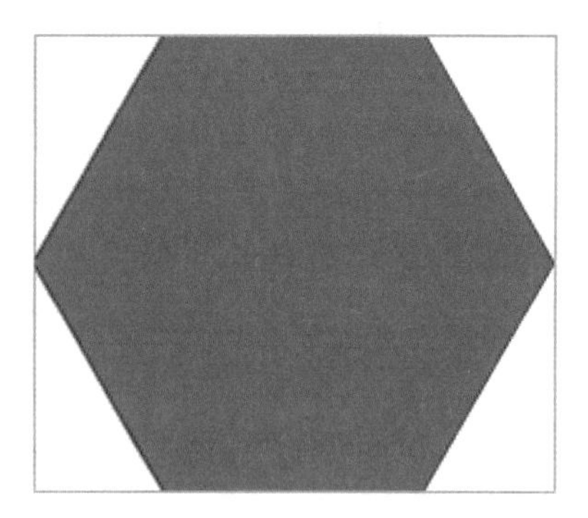

图20　元件、组合属性的表现

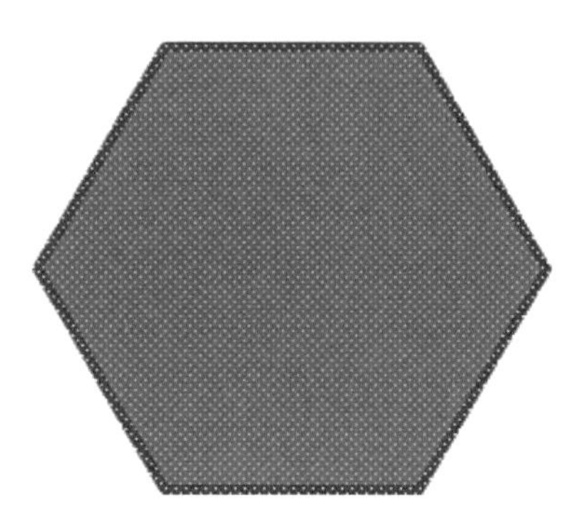

图21　分离属性的表现

（二）形状补间动画

1. 形状补间动画介绍。

Flash中的形状补间动画，就是在矢量图形基础上，对对象轮廓进行大小、色彩、透明度的变化。在形状补间动画具体的创作过程中，在大小方面的改变方法和动作补间动画的方式一样，通过变形工具直接拖曳改变关键帧上内容对象的大小；在色彩方面的改变方法是：将改变的对象选中，再选择要填充的色彩，使用颜料桶工具填充即可，形状大小和色彩变化效果如图22所示。

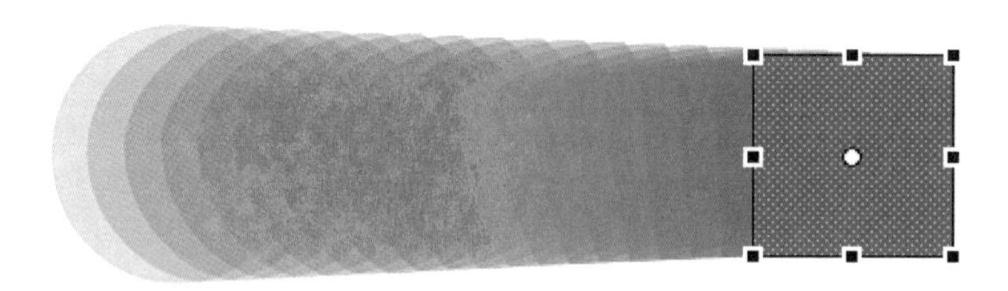

图22　形状大小和色彩变化

在透明度方面的改变方法是，将要改变的对象选中后，在混色器面板变换对象的色彩Alpha数值，混色器面板如图23所示，透明度改变效果如图24所示。

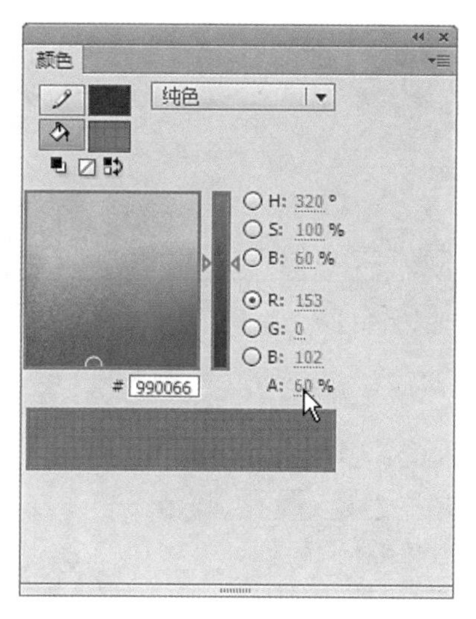


图23 混色器面板

图24 透明度改变效果

2. 形状补间动画的特点。

补间动画的两种形式(动作补间动画和形状补间动画)既有共同的特点,同时也有微小的差别,下面采用逐项列举的方法说明形状补间动画的特点:

(1) 必须具有初始帧和结束帧,并且两个帧都必须是关键帧。

(2) 两个关键帧中的内容是形状变化起始和结束时的两个结果。

(3) 两个关键帧必须在同一个图层才可制作形状补间动画。

(4) 每个关键帧中的内容必须是分离后的(而不能是一个元件或者组合);如果是具有元件或者组合属性的内容,一般表现为选中对象后,对象周围有一个方框。如果是具有分离属性的内容,一般表现为选中对象后,对象上有白点。

(三) 引导线动画

1. 引导线动画介绍。

引导线动画是指在引导层中使用相应的工具绘制一条路径,以便于让画面中的对象按照这条路径进行运动,从而制作出沿路径作运动的动画。在引导线动画中,控制对象运动轨迹的路径就叫作引导线。引导线可以是直线,也可以是曲线,可以是规则的变化,也可以是不规则的变化,这样的路径引导线大大方便了动画制作,也使得Flash动画效果更加多样化,如图25所示。

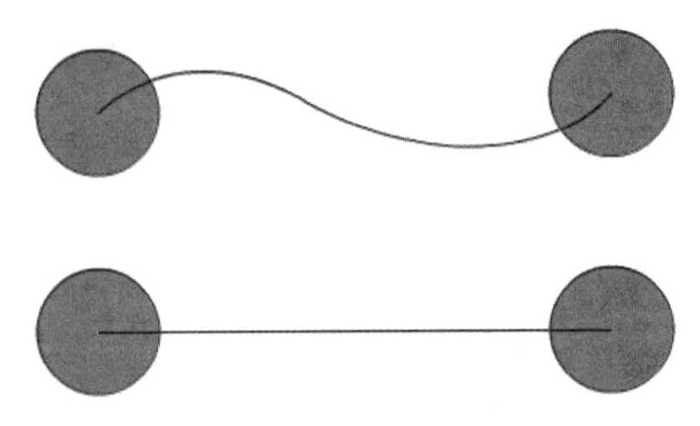

(a) 引导线变化

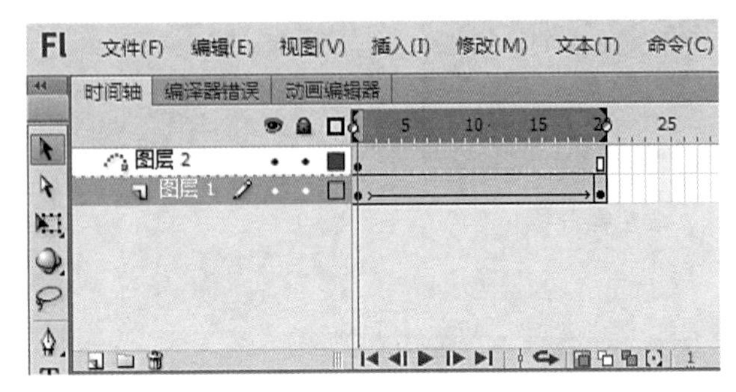


(b) 引导线图层

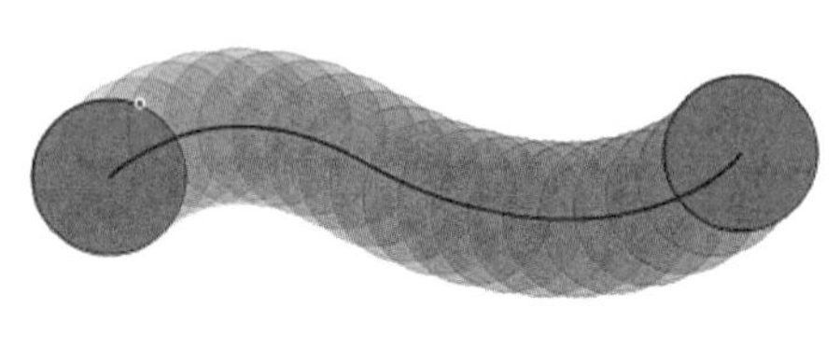

(c) 引导线动画效果

图25 引导线动画

2. 引导线动画的特点。

引导线动画变化丰富,应用领域广泛,它的特点主要包括以下方面:

(1) 引导线动画由两个图层组成,一层是有运动变化的对象,另一层是路径,这两个内容缺一不可。

(2) 引导线动画一般底下一层是对象的运动变化,上面一层是运动路径,两层之间一般不再添加其他图层。

(3) 引导线动画的起始帧和结束帧都要和对象元件的中心点相吻合, 稍有一点儿错位就可能导致引导线动画制作的失败,所以有时需要使用“放大镜”工具放大后查看。

(四) 遮罩动画

1. 遮罩动画介绍。

使用其他图形来进行遮挡,使得图形、图像、元件按照特定的方式显现,就是遮罩动画的目的。遮罩层是一种非常特殊的图层,其作用是使遮罩层下面的图层内容像是通过一个窗口显示出来一样,这个窗口的外部形状就是遮罩层内图形的形状。利用遮罩层可以制作出很多特殊而丰富的视觉效果。

2. 遮罩动画的特点。

遮罩动画变化丰富,应用领域广泛,其特点主要包括以下几个方面:

(1) 完成遮罩动画最少要有两个图层:一个是遮罩层,一个是被遮罩层。

(2) 可以用来制作遮罩效果的对象有:填充的形状、图形元件、影片剪辑元件。

(3) 按钮元件不可以用来制作遮罩动画。

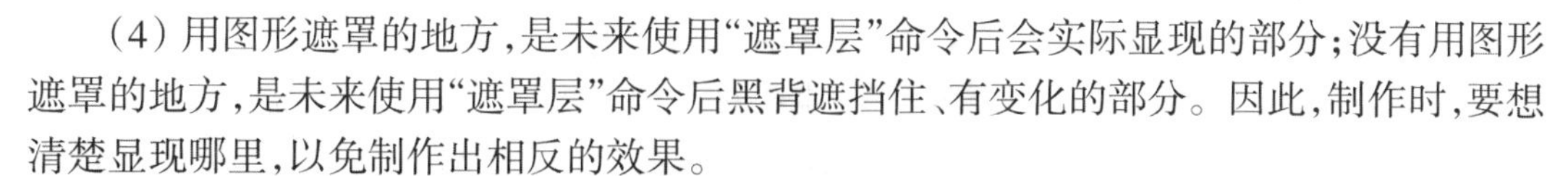

（4）用图形遮罩的地方，是未来使用“遮罩层”命令后会实际显现的部分；没有用图形遮罩的地方，是未来使用“遮罩层”命令后黑背遮挡住、有变化的部分。因此，制作时，要想清楚显现哪里，以免制作出相反的效果。

3. 多个图层的遮罩方法。

多个图层的遮罩方法也是要先用遮罩图形将下面的图层进行遮罩，然后点击鼠标左键一个一个拖曳要运用遮罩的其他图形，使其靠近前面已制作遮罩效果的图层或者直接拖曳到该图层之上，当靠近上一图层并出现了虚线时即可放开鼠标。需要注意的是：如果想保持该图层相对于其他图层的位置不变，应在原位置基础上点击鼠标左键拖曳，使其稍微向上靠近上一图层，而不要拖曳到图层的上面，这样放开鼠标时，该图层也会加入到遮罩动画中，但位置依然可以保持在原位。如果图层位置的变化不会影响到场景中前景和背景的视觉效果，则可直接点击鼠标左键拖曳该图层到已使用遮罩效果的图层之上，再松开鼠标左键，这样也可以完成多个图层的遮罩。

本书案例中海面多层遮罩动画效果时间轴如图26所示。

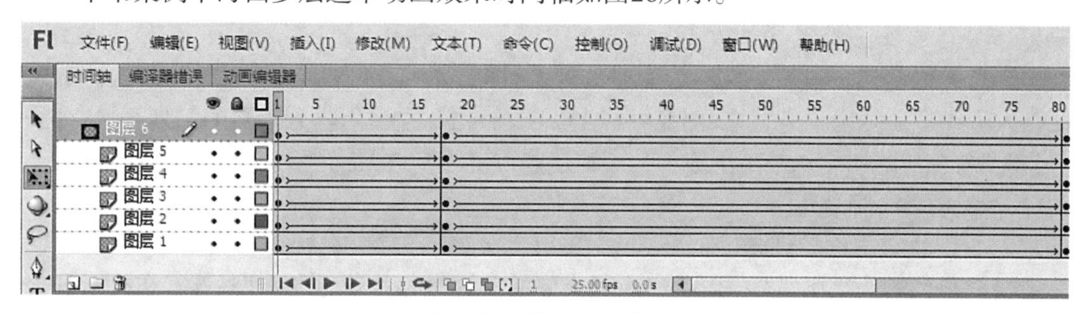


图26　海面多层遮罩动画效果时间轴

## 六、人物造型规律

角色设计在一部动画片的绘制中担负着十分重要的任务，设计者不但要有绘画和表演的才能，更重要的是必须掌握原画创作的技法和理论，这样才能胜任这项重要的工作。

### （一）认识造型风格

Flash的造型风格多种多样，常见的有：形象比较接近真实的写实风格；形象规范、凝练，形象感强的装饰画风格；形象夸张，富于想象，超越真实的卡通风格；形象可爱，富于童趣的儿童画风格等。依次对照，就可以明确自己所设计的角色属于哪种类型的风格，造型风格如图27所示。

图27　造型风格

（二）认识形体特征

熟悉角色造型首先应该对形体有一个整体的概念，也就是要抓住造型的基本特征。例如，角色的形体外貌都会有高、矮、胖、瘦等差别。除此之外，还可以找到形象构成的各自特点，例如：头大身体小、头小身体大、中间大两头小、两头大中间小、正三角形、倒三角形等，角色形体特征如图28所示。

图28　角色形体特征

（三）掌握全身比例与结构

全身比例结构一般以头部作为衡量的标准，即身体的长度由几个头长组成，身体的宽度是大于头宽还是小于头宽，腰部在第几个头长的位置，手臂下垂到大腿的何处等，这样一步步对照，全身的比例就基本清楚了。了解这些后再绘制造型就会比较容易，也不会走形。

（四）掌握头部造型

头部是动画角色最难画的部分，也是关键部分，它常常会在特写镜头里面出现，所以一定要把角色的头部画得准确精致。绘制头部的关键是熟悉角色的脸型，五官在脸上的位置以及相互间的大小比例关系，如图29所示。

（a）头部线描图

（b）头部造型

图29　绘制头部

## 七、人在行走时的运动规律

动画片的角色中，表现得最多的就是人物的动作以及拟人化的角色动作。人的运动是复杂独特的，可以直立行走，可以跑动、跳跃，可以做自己想做的运动，有着丰富的表情等，了解这些动作的规律，就能进一步根据要求和造型进行创作加工了。

人的行走几乎在每个动画片里都会出现，是必须掌握的动画制作。人与其他动物在动作上最明显的区别是直立行走，人走路的基本规律是：左右两脚交替向前。人在走路时为了保持身体的平衡，配合两条腿的屈伸、跨步，双臂前后摆动。人在走路时为了保持重心，总是一腿支撑，另一腿提起跨步。因此，在走路的过程中，头顶的高低必然呈运动状态。当迈出步子双脚着地时，头顶就略低，当一脚着地另一脚提起朝前弯曲时，头顶就略高。另外，在走路动作过程中，跨步的那条腿，从离地朝前伸展落地，中间的膝关节必然呈弯曲状，脚踝与地面呈弧形运动线。这条弧形运动线的高低幅度，与走路时的神态和情绪有很大关系。

在特定情境下，同一角色的走路动作会有所不同，如心情愉悦时与心情沉重时的走路就不同。因此，在表现这些动作时，就需要按照走路的基本规律，结合走路动作、速度、节奏及身体的变化综合来表现，才能达到尽量真实的效果。

## 八、动画中的镜头语言

动画也是视觉艺术之一，因此也需要通过丰富细致的画面来更好地体现动画故事内容并吸引和打动观众，这就要求动画制作中要遵循一定的规律，制作中要尽量避免对画面的单一化、平面化处理。因此，动画中常常使用一些镜头语言来丰富画面视觉效果。动画中一般的镜头语言有以下五种。

### （一）推镜头

推镜头，是画面由整体到局部、镜头由大画面推进到细节上的过程。制作方法主要是通过动作补间进行制作，如图30所示。具体来说，就是使用任意变形对画面中的对象进行缩放，同时配合动作补间动画就可以达到此效果。

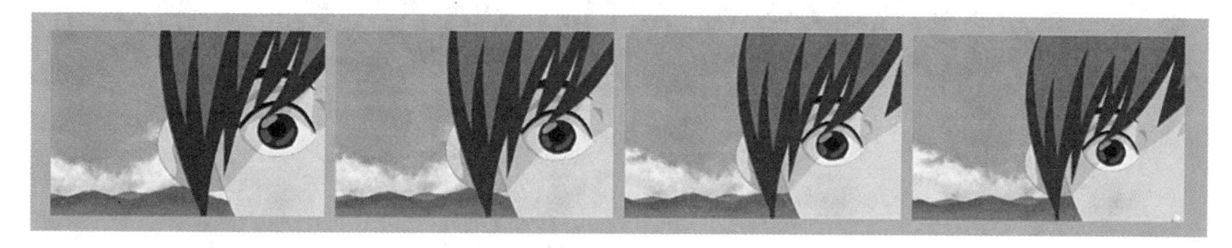

图30　推镜头

### （二）拉镜头

拉镜头，是画面由局部到整体，镜头由细节过渡到整体的过程，如图31所示。制作方法主要是利用动作补间动画来完成。具体来说，就是通过使用任意变形工具对画面对象进行缩放，同时配合动作补间动画就可以达到此效果(这个镜头语言的制作方法正好和推镜头是相反的变化，拉镜头是对象由大到小的变化，推镜头是对象由小到大的变化)。拉镜头和推镜头中，各自的开始帧和结束帧互相正好是画面中局部和整体的相逆过程。

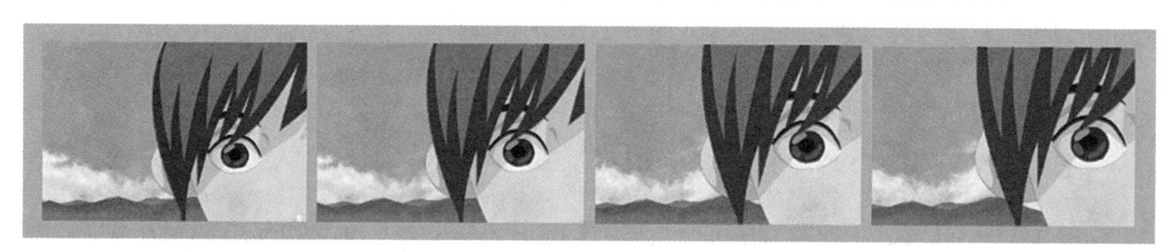

图31　拉镜头

（三）移镜头

移镜头，是指镜头移动对画面中不同的对象进行拍摄，在移动镜头中，画面中对象的角度不会发生变化，如图32所示。制作中由于画面主要是场景中的对象位置的变化，因此依然是采用动作补间来完成。

图32 移镜头

（四）摇镜头

摇镜头，是指拍摄设备的位置不动，而只对镜头进行左、右、上、下等的摇动处理，类似于人身体不动而头转动观看四周的效果，如图33所示。在Flash动画制作中对画面物体要进行大小远近等不同的透视处理，制作时主要通过预先对一些对象进行效果处理，再结合逐帧和补间动画就可以达到此效果。

图33 摇镜头

（五）切镜头

切镜头，是指一个画面直接切割到下一个画面，两个画面之间发生的跳转形成内容场景或者视觉角度的变化，丰富画面，避免视觉语言的单调，如图34所示。制作时主要通过工具配合逐帧动画就可以达到此效果。

图34 切镜头

## 九、文本工具的类型及其特点

在Flash中制作动画，文字的应用是非常多的，片名以及很多动画介绍都要用到它，因而对于文字的处理和调整也是Flash中一个非常重要的内容，以下介绍Flash中的文字面板。

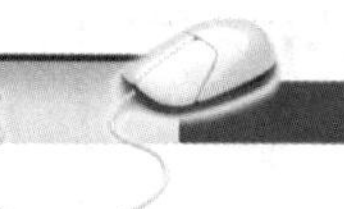

Flash中的文本类型主要为三种：静态文本、动态文本、输入文本。静态文本在动画设计中应用最为广泛，也是本书介绍的重点。后两种类型在含有编程的交互式动态制作中更为常用，在此不做过多的介绍。

（一）静态文本

静态文本主要指在制作时输入和编排的文本，其内容是固定的，大多在动画中起到解释说明的作用，在播放动画的过程中是不能改变的。

（二）动态文本

动态文本主要指通过编写脚本语言，链接到动画制作的动态文本框中的外部文本。在制作时可以设置默认值，在播放的过程中可以通过ActionScript改变脚本程序。

（三）输入文本

输入文本主要指用于交互操作的文本，利用在文本框中输入文字，达到操作者收集或交换信息的目的，在播放动画的过程中可通过输入设备输入文本。常见的交互式文本有留言板、身份验证等很多形式。

## 十、Flash CS6 的基础操作

（一）新建文档

在Flash中新建文档主要有两种办法。一是使用“开始页”。启动Flash后，弹出默认的“开始页”对话框，选中“新建”下的“ActionScript 3.0”新建Flash文档，如图35所示。二是使用“新建文档”。在Flash的工作界面中，执行菜单栏中“文件→新建”命令，弹出“新建文档”对话框，选中第一项“ActionScript 3.0”，单击“确定”按钮，完成文档的新建，如图36所示。

图35 “开始页”对话框

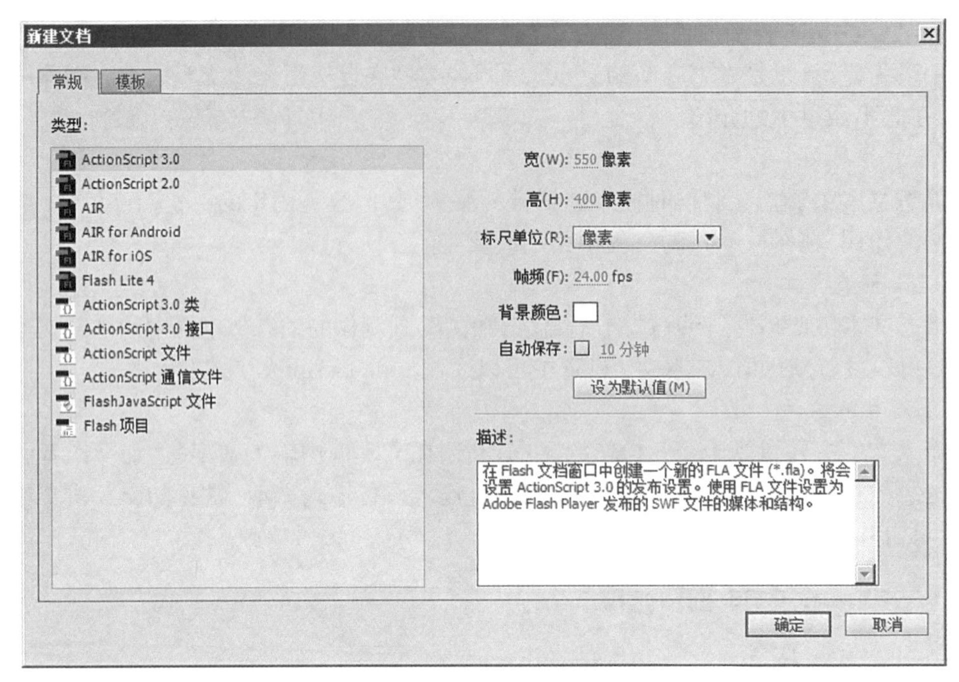


图36 “新建文档”对话框

（二）打开文档

如果要对已有的Flash文档进行编辑，需要将它打开，弹出“打开”对话框，在列表中查找文档的所在路径，再单击“打开”按钮，如图37所示。

图37 “打开”对话框

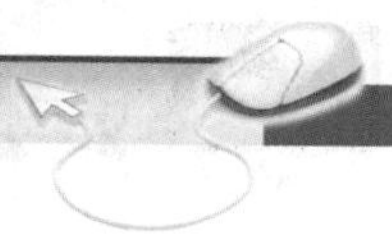

（三）导入文档

如果要将其他文档导入到当前文档中，可以在Flash的工作界面中执行菜单栏中"文件→导入"命令，然后选择要导入的地方，就会弹出"导入到库"对话框。选择要导入的文件的路径即可，如图38所示。

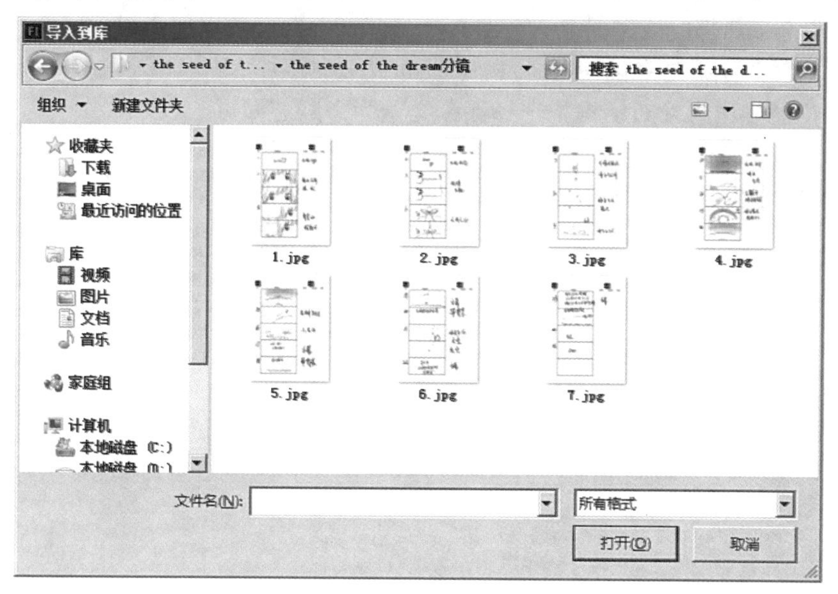


图38 "导入到库"对话框

（四）保存文档

编辑完一个文档后，为了以后的使用，可以将其保存起来，其操作步骤如下：执行菜单栏中"文件→保存"命令，弹出"另存为"对话框，选择相应的文档保存路径，并输入文档名称以及文档保存类型，最后单击"保存"按钮即可。如图39所示。

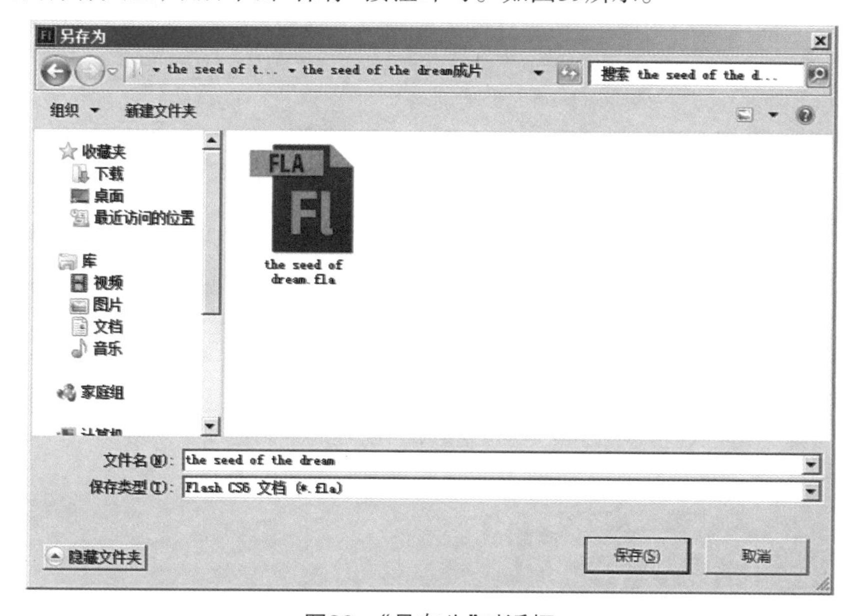


图39 "另存为"对话框

Flash文件保存类型主要有两种文件格式，一种是保存Flash文件时生成的Flash源文件“*.Fla”，另一种是为了传到网上，方便携带而生成的“*.swf”文件，可以看作是Flash影片的完成文件。“*.Fla”格式的文件能够进行修改和编辑，但是在网络阅览器上无法观看，“*.swf”格式的文件无法编辑和修改，但是只要有阅览器，就可以随时观看。一般来说，每一个刚完成的Flash都应该先保存一个源文件，即“*.Fla”文件，以便于以后的修改调用。如果保存完“*.Fla”的源文件后，需要将Flash发布观看，则执行菜单栏中文件导入导出影片命令，在弹出的导出影片对话框中选择保存类型为“*.swf”即可。

# 梦 想 起 航

## 分镜1 出现LOGO

### 任务引入

在简单熟悉了Flash CS6工作界面后，利用Flash的一些基础工具，如椭圆工具、选择工具、钢笔工具等绘制出LOGO的脚印形状，并选择文本工具，结合脚印加入文字内容，一起开始让梦想起航吧！

### 任务分析

使用Flash绘制LOGO，要运用Flash中的刷子工具绘制脚印的形状，使用文本工具制作文字脚本，并使用任意变形工具来控制脚印和文字脚本的大小及位置。

这是进行Flash动画制作的第一个任务，通过本任务能熟悉Flash界面、面板，掌握Flash的基本工具和基本操作。

### 任务实施

1. 执行菜单栏中“文件→新建”命令，新建一个Flash文档，如图1-1所示。

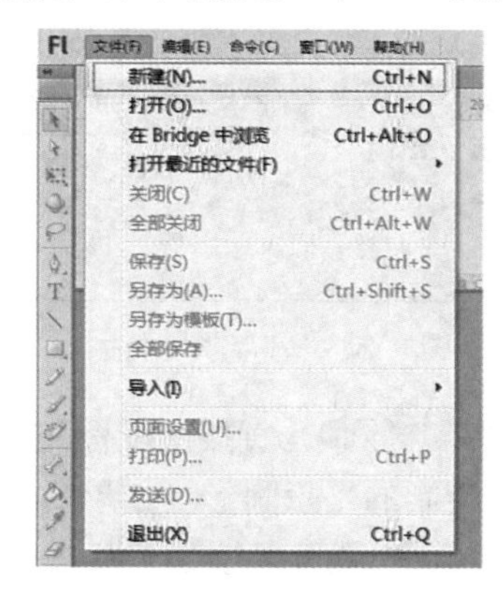


图1-1 新建文档

2. 设置文档属性，宽“500像素”、高“330像素”、帧频25.00fps，如图1–2所示。

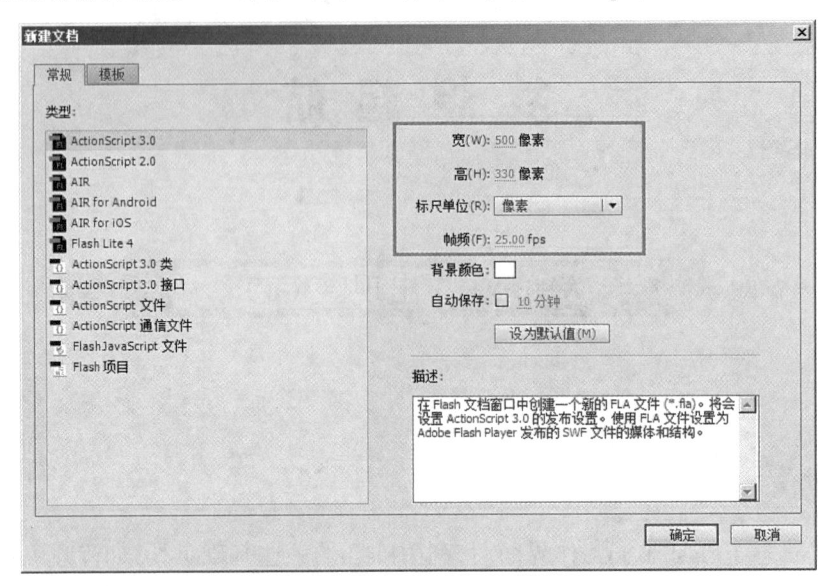


图1–2　设置文档属性

3. 执行菜单栏中“文件→保存”命令，在弹出的“另存为”对话框中，将文档命名为“the seed of the dream”，如图1–3所示。

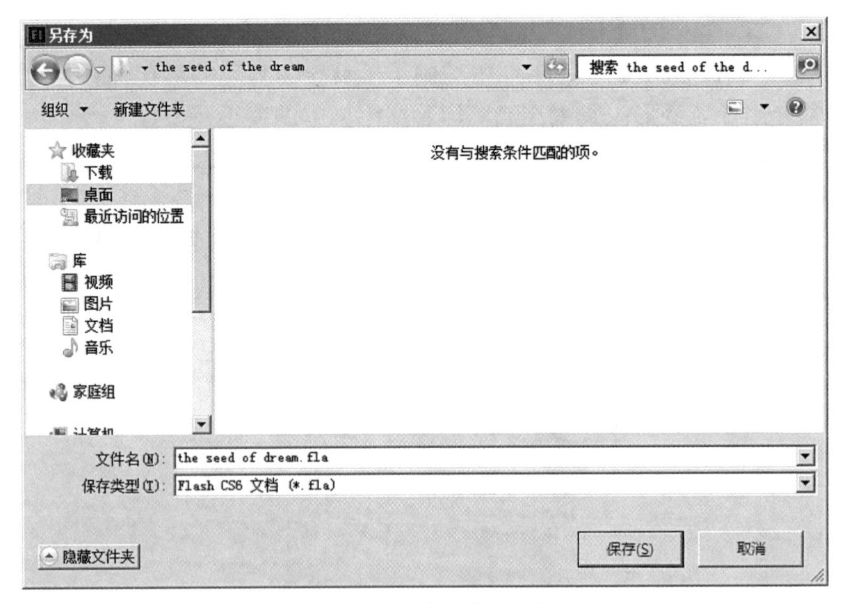


图1–3　“另存为”对话框

4. 椭圆工具用于绘制正圆形和椭圆形。直接用鼠标左键拖曳绘制的是椭圆形，只有在拖曳中右下方出现小圆形，表明绘制的是正圆形。如果要简单快捷地绘制正圆形，可以在按住“Shift”键的同时用鼠标左键拖曳，就可以绘制正圆形。使用椭圆工具和选择工具配合调整绘制出脚印图形，如图1–4所示。

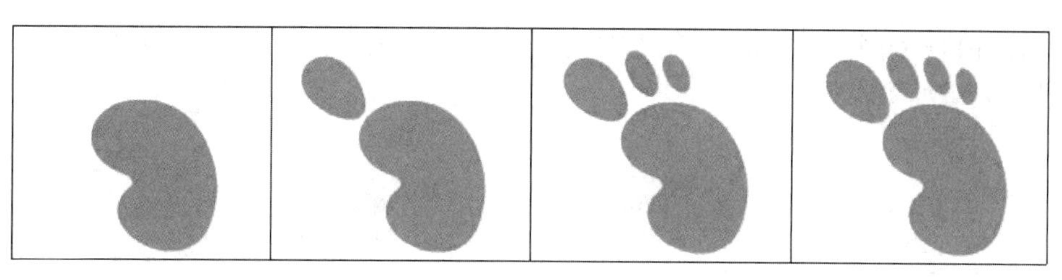

图1–4 绘制脚印步骤效果

5. 选择文本工具输入作者笔名“Ben Ben”配合脚印图形出现出场的文字“PRESENT”，如图1–5所示。

BenBen
PRESENT

图1–5 文字内容

6. 在综合层3的20帧处插入脚印与文字内容，到60帧结束完成脚印与文字淡入淡出动作补间效果，如图1–6所示。

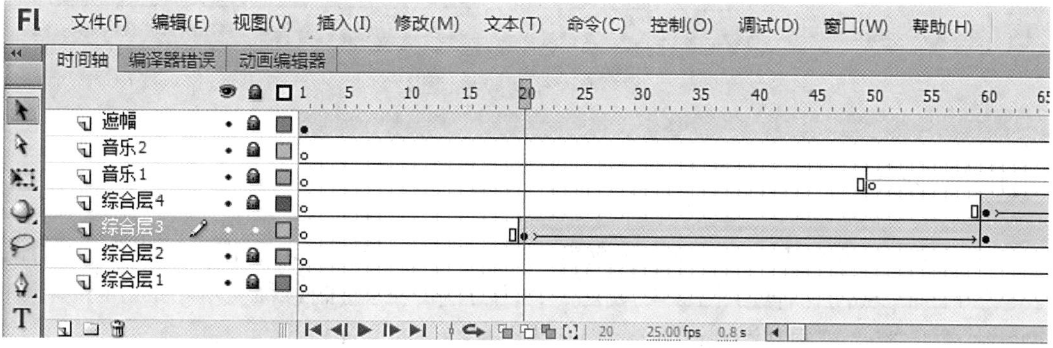

图1–6 补间效果(一)

7. 在综合层4的60帧处插入文字“PRESENT”到80帧结束完成文字淡入淡出动作补间效果，如图1–7所示。

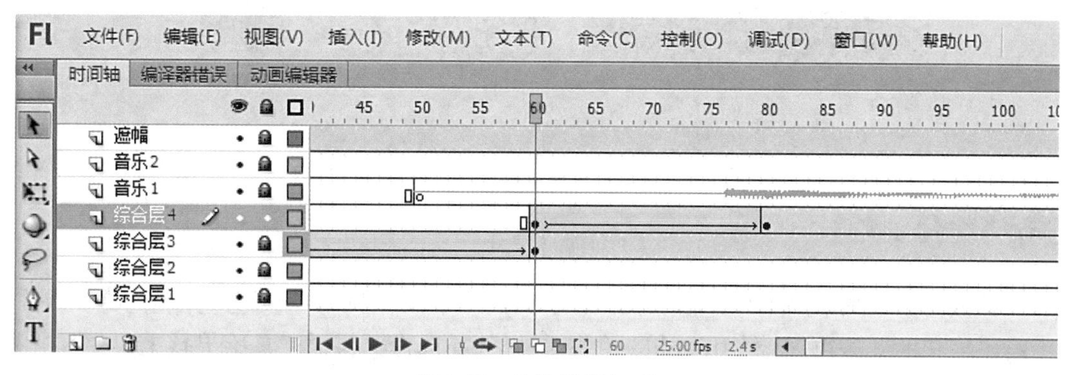


图1–7 补间效果(二)

8. 制作LOGO图形文字动画，分层制作脚印淡入淡出、文字淡入淡出效果，LOGO淡入淡出补间效果如图1-8所示。

图1-8　LOGO淡入淡出补间效果

9. 制作从第110到150帧的补间动画，完成脚印与文字淡入淡出的补间效果，如图1-9所示。

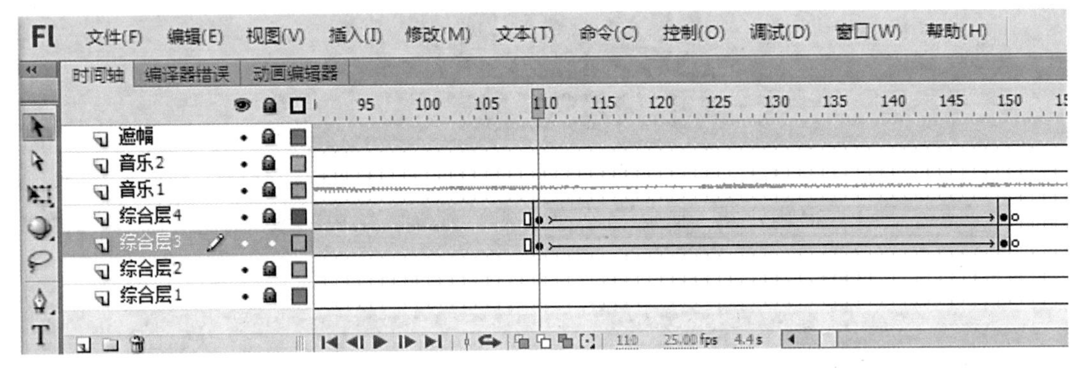


图1-9　补间效果（三）

## 任务小结

在Flash CS6中绘制卡通形象，不仅能使学生熟悉Flash CS6的工作界面操作，还能使其掌握Flash CS6的各种绘图工具的功能和使用方法，熟练绘制各种矢量图形。同时能鼓励学生勇于尝试，挖掘其潜在的创造力，设计出有特色的卡通作品。

## 任务引入

男孩作为动画中的主角，应具有帅气的形象，接下来让我们一起塑造完美的他。首先手绘出男孩的线条稿，并利用Flash的相关工具，例如选择颜料桶工具给男孩上色，绘制出男孩的最终形象。

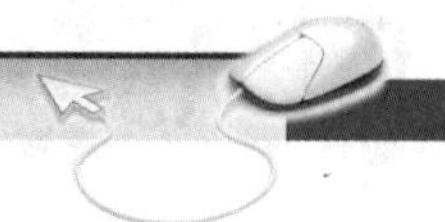

## 任务分析

运用Flash工具箱中的钢笔工具、线条工具、颜料桶工具、选择工具等绘制男孩的形象，再运用属性面板和颜色面板进行颜色的搭配和调节，达到最终效果。

与分镜1的不同之处在于，本分镜在利用Flash绘制过程中，要进行多层的设计和处理，并且要自行设计和运用颜色。因此在分镜实施前要对图层的使用和特点有所了解。

## 任务实施

1. 利用钢笔工具绘制不规则的脸型，用选择箭头拖曳边线修改其脸型形状，调整脸型、耳朵型、脖子型、眉毛型，如图1-10所示。

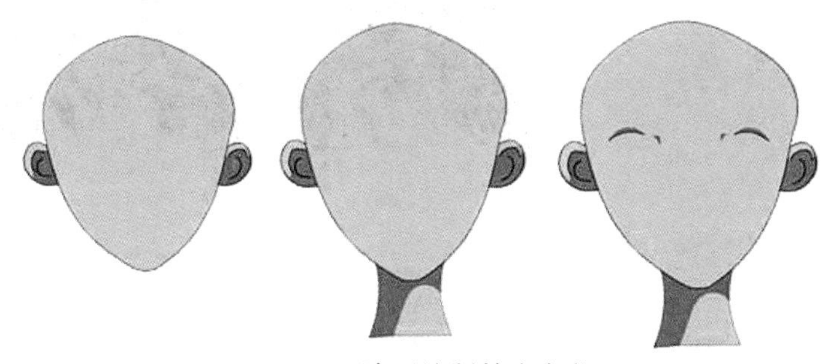

图1-10　脸型绘制基本变化

2. 绘制脸型上面的红脸蛋儿，使用颜色面板，类型选择“径向渐变”，如图1-11所示，红脸蛋儿效果如图1-12所示。

3. 为脸型添加红脸蛋儿效果，如图1-13所示。

4. 使用线条工具绘制鼻子和嘴，使用钢笔工具绘制不规则阴影效果，如图1-14所示。

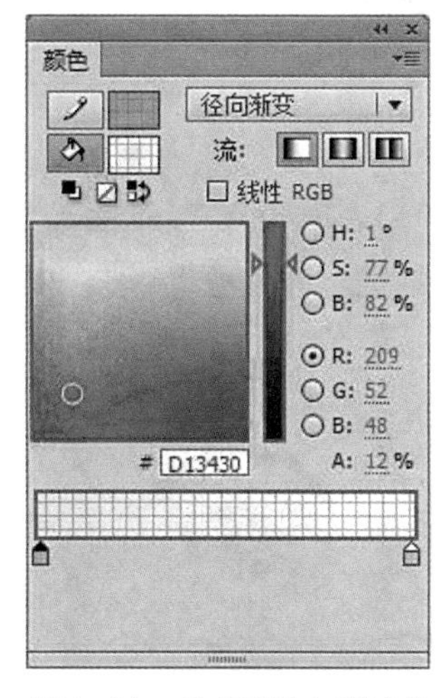


图1-11　选择“径向渐变”

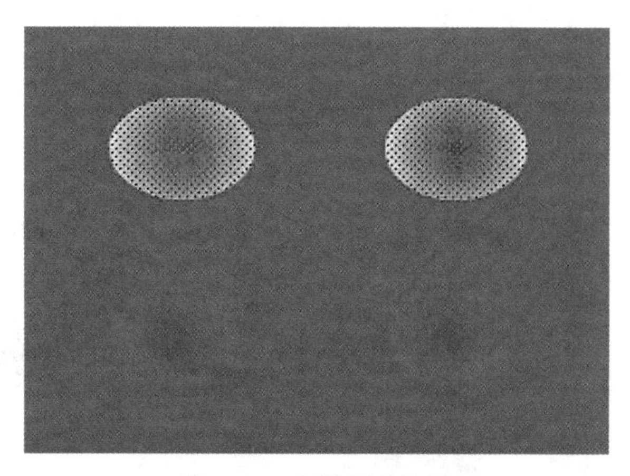

图1-12　红脸蛋儿效果

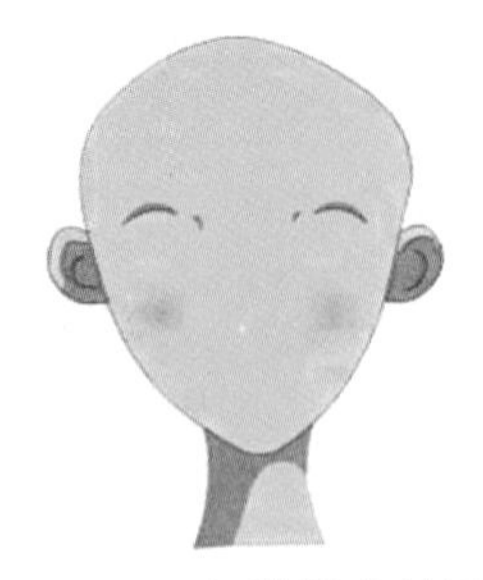

图1-13　红脸蛋儿效果

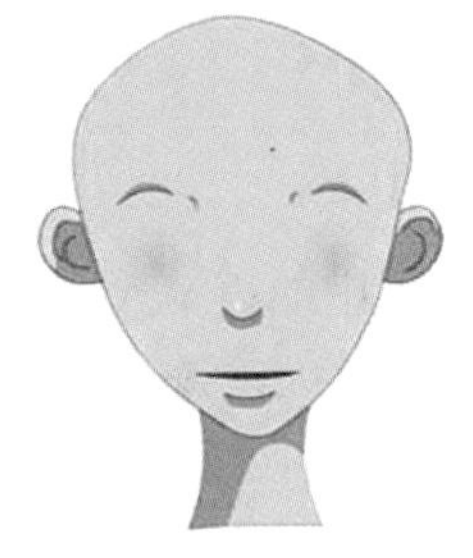

图1-14　鼻子和嘴效果

5. 分别创建3个图形元件，使用钢笔工具勾画头发，包括"头发内""头发中""头发外"3个基本图形，然后使用选择工具将直线修改成曲线，调整头发外形，三层发型效果如图1-15所示。

图1-15　三层发型效果

6. 使用钢笔工具勾画眼睛轮廓，绘制眼仁内部阴影，用刷子工具绘制高光，用椭圆工具绘制黑色眼仁部分，眼睛分解效果如图1-16所示。

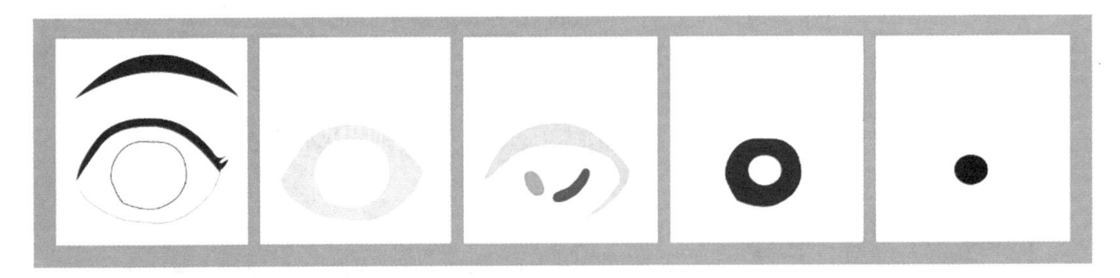

图1-16　眼睛分解效果

7. 用以上同样的方法绘制左眼眨眼动作的逐帧效果，如图1-17所示。

图1-17　左眼逐帧效果

8. 执行“修改→时间轴→翻转帧”命令，将绘制的左眼眨眼动作逐帧效果进行水平翻转，变成右眼眨眼动作的逐帧效果，如图1-18所示。

图1-18　右眼逐帧效果

9. 在男孩出现的影片剪辑中第1到60帧制作男孩出现的淡入淡出动画，如图1-19所示。

图1-19　时间轴补间效果

10. 男孩在场景中淡入淡出动画画面效果如图1-20所示。

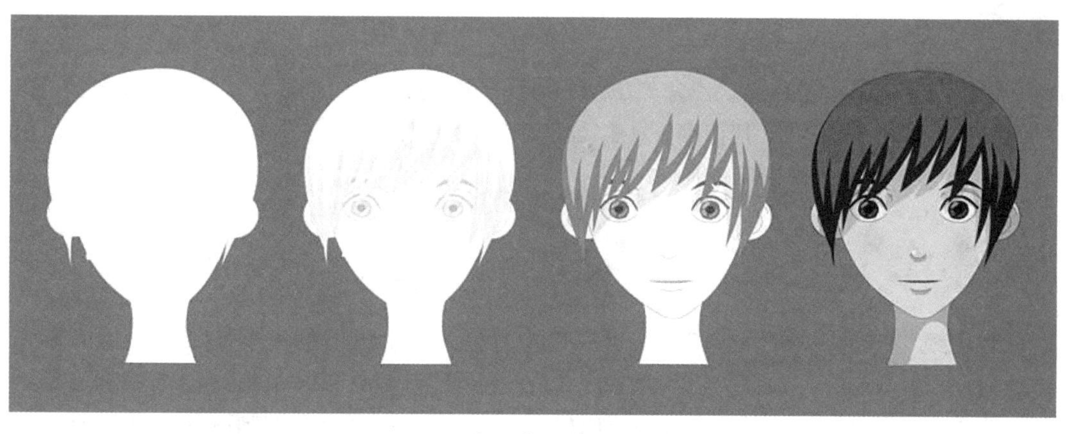

图1-20　淡入淡出动画画面效果

11. 在男孩出现的影片剪辑中第60到80帧制作男孩正面与半面面部切换变化动画，如图1–21所示。

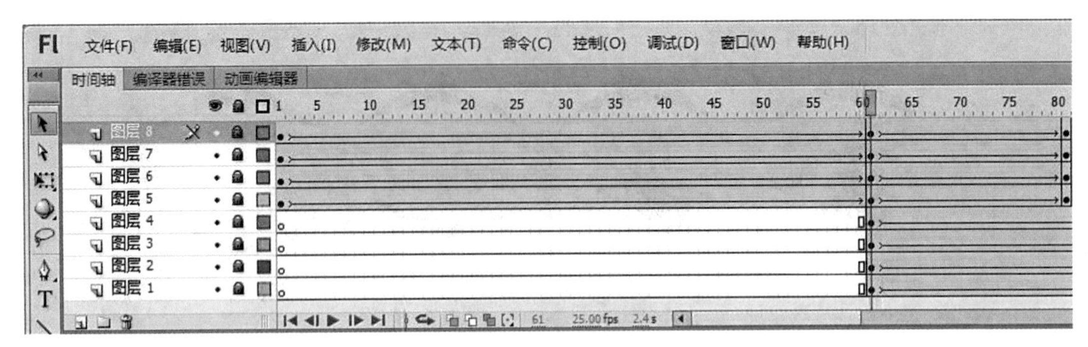


图1–21 时间轴面部切换变化

### 任务小结

通过此次分镜2任务能强化学生对逐帧动画原理的理解，使其熟练掌握Flash CS6逐帧动画的制作过程与技巧，同时能对使用Flash对卡通形象进行绘制、上色的技巧有基本的了解，并能熟练应用其原理设计和制作各种效果的作品。

## 分镜3 男孩半面

### 任务引入

根据分镜2中绘制的男孩形象，结合Flash动画中的补间动画知识，调整关键帧下男孩对象的位置、颜色等，可以制作出镜头拉远效果的动画效果，最终营造出男孩慢慢出现，最后又淡淡消失在我们视野中的画面。

### 任务分析

对于镜头拉远效果的动画效果，可以使用分镜2中讲解的逐帧动画来制作，但其制作对象复杂，且文件量较大，观察男孩眨眼的动作可知，男孩眨眼时眼睛的动作基本上是不断重复的，因此可以利用这个特点，使用Flash中另外一种重要的动画制作方法——动作补间动画来进行制作，其制作更加简捷且最终的文件量更小。

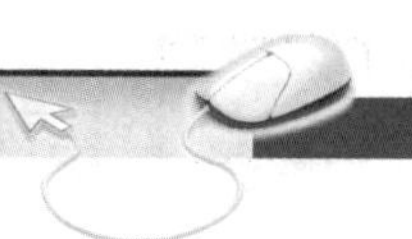

## 任务实施

1. 在影片剪辑元件下，男孩正面面部与半面面部切换的补间动画画面效果如图1–22所示。

图1–22　动画画面效果

2. 完成第80到170帧男孩正面面部与半面面部切换,半面面部在画面中停留消失过渡补间,如图1–23所示。

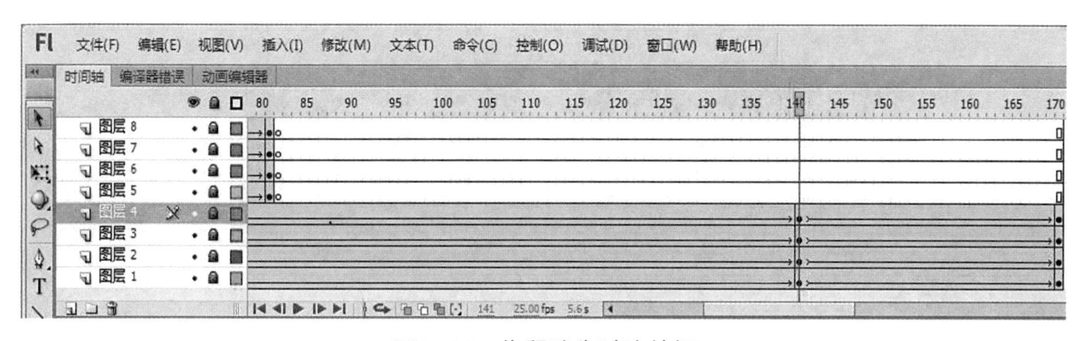


图1–23　停留消失过渡补间

3. 完成男孩出现影片剪辑补间动画,如图1–24、图1–25所示。

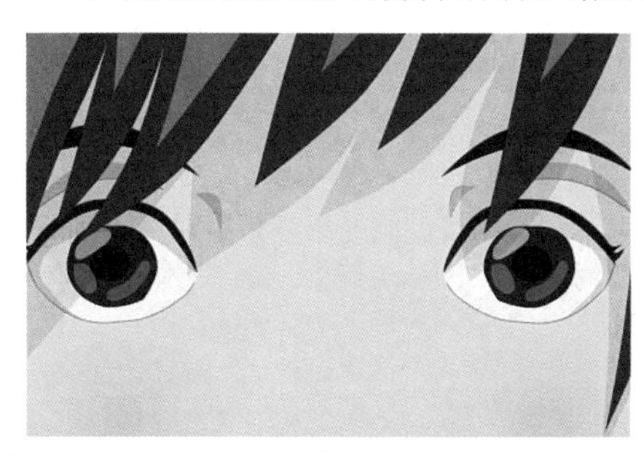

图1–24　正面效果

图1–25　半面效果

4. 在场景下选择综合层2的第175到345帧添加男孩出现影片剪辑，如图1–26所示。

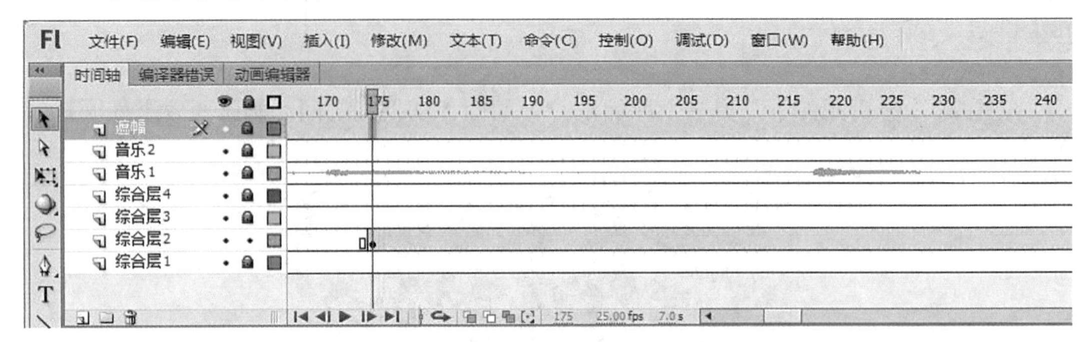


图1–26 男孩出现影片剪辑

## 任务小结

在分镜3中，是制作镜头拉远效果的动作补间动画，主要是对男孩元件的大小进行调整。在动作补间动画中，不仅可以实现对象大小的变换，而且还可以实现从位置、旋转、色彩、透明度之间的过渡。

## 任务引入

运用Flash的文本工具制作标题“the seed of dream”，并结合刷子工具，给文字添加装饰，绘制一个翅膀依偎在“the seed of dream”旁边，调整文字的透明度，制作出淡入淡出的文字动画效果。

## 任务分析

在Flash中制作，文字的应用是非常多的，片名以及很多动画介绍都要用到它，因而对于文字的处理和调整也是Flash中一个非常重要的内容。“the seed of dream”是本案例的标题，在制作标题的过程中使用文本工具来完成标题的制作。

## 任务实施

1. 使用文本工具，输入标题字样“dream of”“the seed”，使用刷子工具绘制天使翅膀，如图1–27所示。

图1–27　文字与图形效果

2. 新建标题影片剪辑，创建3个图层，图层1制作“dream of”第1到30帧补间动画。图层2制作“the seed”第5到35帧补间动画。层3制作天使翅膀第10到40帧的旋转补间动画。补间延长至第130帧淡入淡出，如图1–28所示。

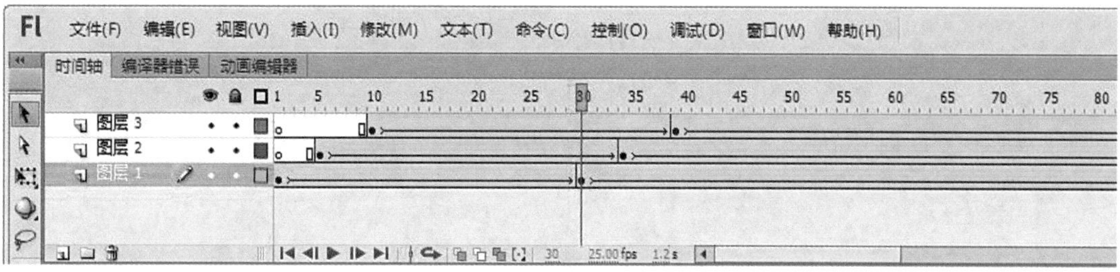

图1–28　淡入淡出效果

3. 在标题影片剪辑下，制作文字移动淡入淡出动画，翅膀移动旋转补间动画，如图1–29所示。

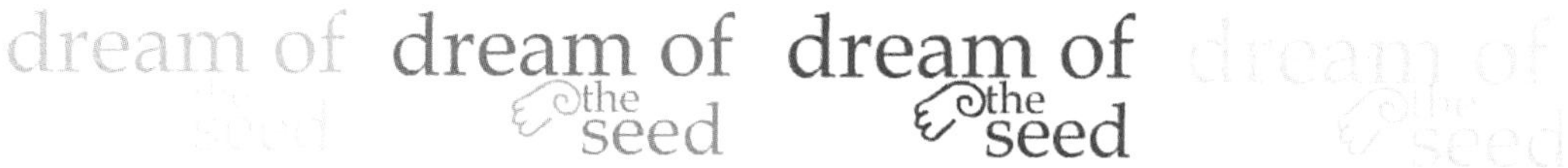

图1–29　标题动画效果

4. 回到场景下，在综合层4添加标题影片剪辑，第310到440帧插入标题影片剪辑显示影片元件，如图1–30所示。

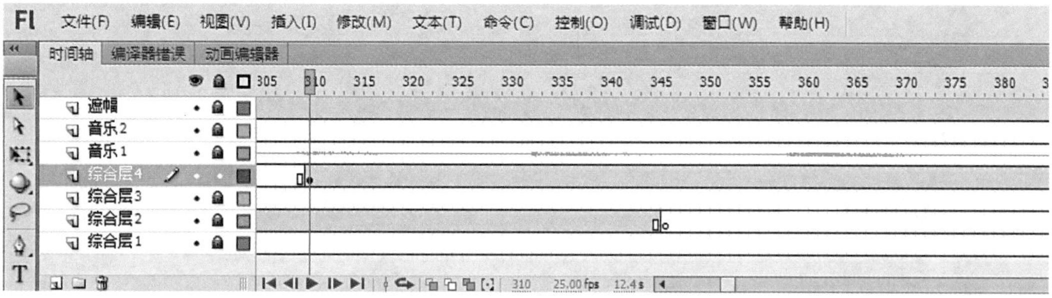

图1–30　插入标题影片剪辑

## 任务小结

Flash中的文本类型主要为三种:静态文本、动态文本、输入文本。静态文本在动画设计中应用最为广泛,也是本书介绍的重点。后两种类型在含有编程的交互式动态制作中更为常用,在此不做过多的介绍。

# 梦 想 历 程

## 分镜5 雪　人

### 任务引入

在梦想起航后，途中往往会经历许多意想不到的事，梦想的历程是丰富多彩的，本次历程中首先遇到的是雪人。利用Flash的一些基础工具，绘制出雪人形象、天使的翅膀、云彩。最后制作出天使抖动翅膀的动态效果以及云彩飘动的补间动画效果。

### 任务分析

导入图片素材，使用钢笔工具绘制翅膀并制作抖动效果，使用一些线条等基本工具绘制云彩。主要通过插入图片、钢笔工具、颜料桶等工具以及一些工具中的属性设置制作该片段的效果，使各个工具之间的综合运用融会贯通。

### 任务实施

1. 选择“文件→导入→导入到库”命令，将雪人背景素材导入到库面板，如图2–1所示。

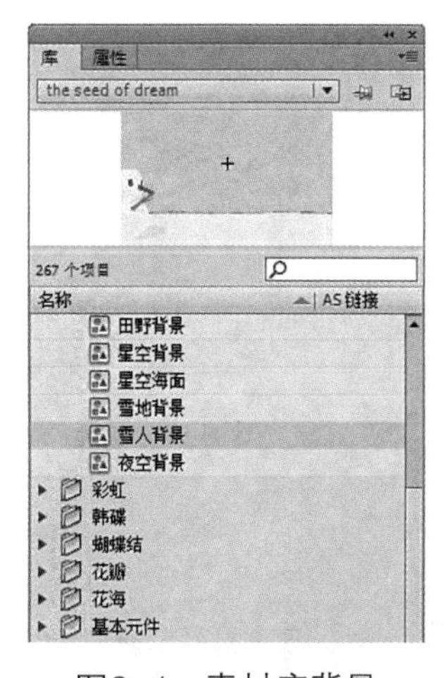


图2–1　素材库背景

2. 在场景中的综合层2插入雪人背景素材，第440到460帧创建传统补间动画，制作雪人背景淡入淡出效果，如图2-2所示。雪人背景淡入淡出动画画面效果如图2-3所示。

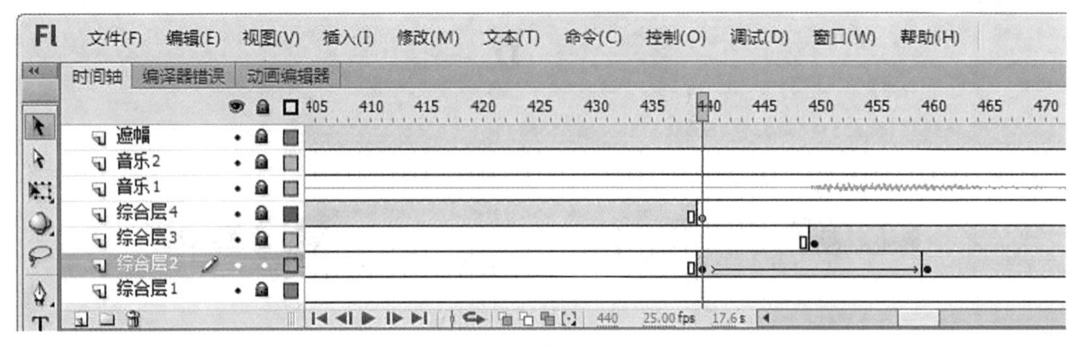


图2-2　制作雪人背景淡入淡出效果

图2-3　雪人背景淡入淡出动画画面效果

3. 选择钢笔工具结合直线工具绘制翅膀基本线描稿，通过选择工具进行修改，如图2-4所示。

图2-4　翅膀线描图

4. 使用颜料桶工具为翅膀填充有层次的颜色内容，如图2-5所示。

图2-5　翅膀填充图

5. 翅膀最终线描图，填充图效果，如图2-6所示。

图2-6 翅膀过渡图

6. 在翅膀动态01影片剪辑下，将第10帧透明度数值调整为50%，如图2-7所示。

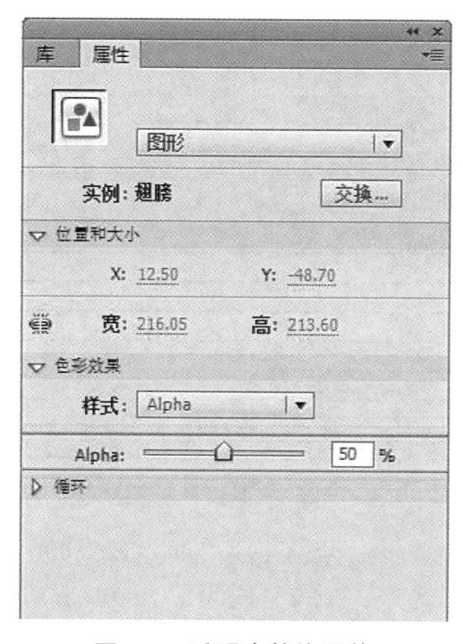


图2-7 透明度数值调整

7. 在翅膀动态01影片剪辑下，制作第1到10帧、第10到20帧、第20到30帧、第30到48帧的补间动画，如图2-8所示。

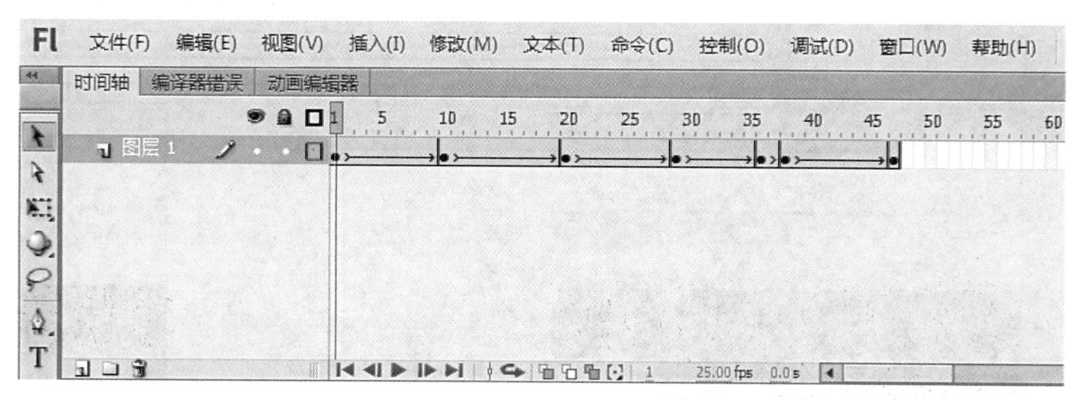


图2-8 制作补间动画

8. 制作翅膀淡入淡出抖动的动画效果，如图2–9所示。

图2–9　翅膀抖动效果

9. 在场景下，综合层3添加翅膀影片剪辑，在第450到495帧显示翅膀动态01影片剪辑动画，如图2–10所示。

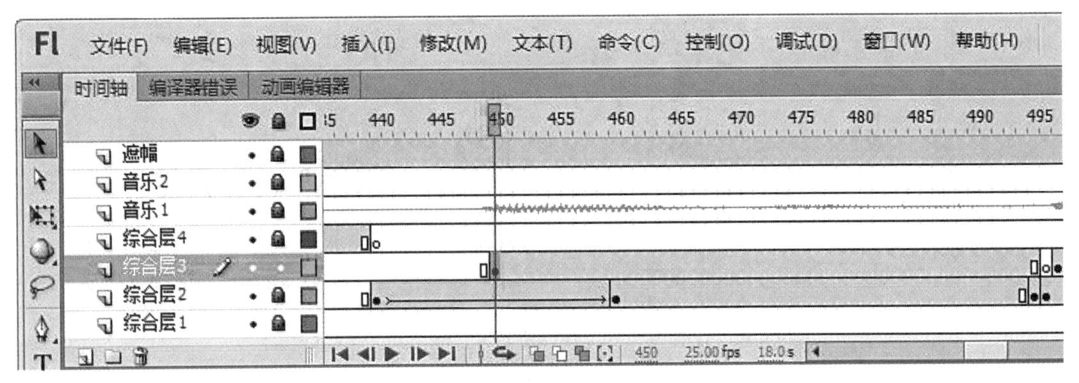


图2–10　翅膀影片剪辑动画

10. 在时间轴面板中，选择“综合层2”图层上时间轴第496帧，单击鼠标右键，在快捷菜单中选择“插入空白关键帧”命令，如图2–11所示。

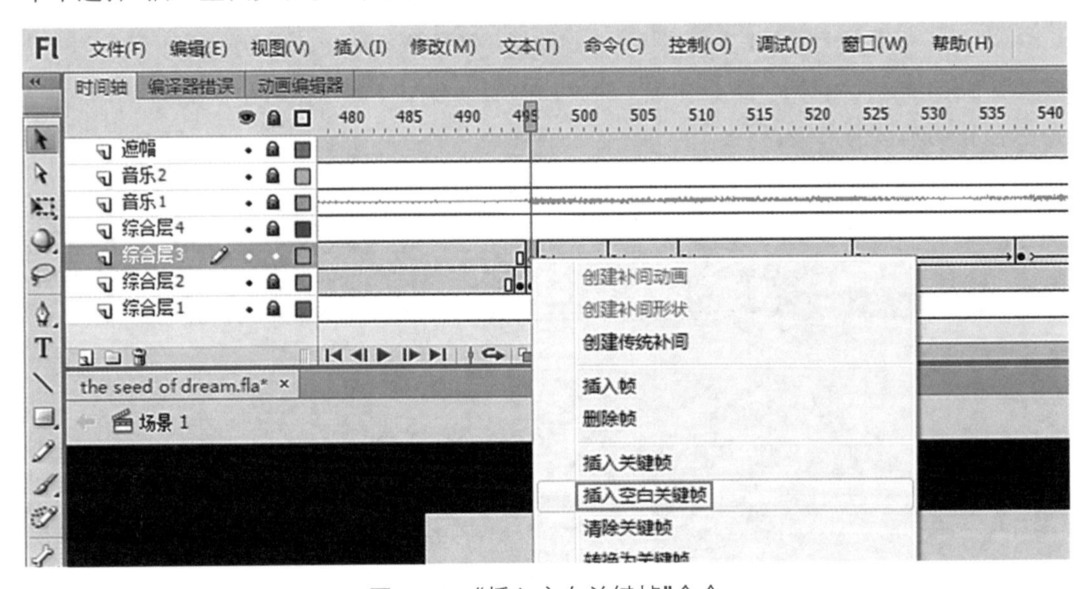


图2–11　“插入空白关键帧”命令

11. 将库面板中“雪人背景”素材拖曳到场景中，并选择任意变形工具缩放至与画面一致的大小，如图2-12所示。

图2-12 将“雪人背景”拖曳到场景

12. 执行菜单栏中“插入→新建元件”命令，在“创建新元件”对话框中设置元件名称为“云01”，类型为“图形”，单击“确定”按钮。在元件面板中，绘制云朵。云的笔触为“0.10”，笔触颜色为灰色(#959595)，笔触样式设为“极细线”；云颜色的填充色为白色(#F2F4E9)；云阴影的填充色为灰白色(#F4F4EF)，如图2-13所示。

图2-13 绘制云朵

13. 选择“综合层4”图层上时间轴第496帧，单击鼠标右键，在快捷菜单中选择“插入空白关键帧”命令。将库面板中的“云01”图形元件拽入场景中，放置在场景的左侧，如图2-14所示。

图2-14 将“云01”拖曳到场景

14. 选择“综合层3”图层上时间轴第579帧，单击鼠标右键，在快捷菜单中选择“插入关键帧”命令，将“云”图形元件改变位置，如图2–15所示。

图2–15　改变云的位置

15. 选择“综合层4”图层上时间轴第496帧，单击鼠标右键，在快捷菜单中选择“创建传统补间”命令，制作出云朵的飘动效果，如图2–16所示。

图2–16　云飘动的效果

## 任务小结

通过天使的绘制过程，使学生熟练掌握钢笔工具以及填充色的运用。通过云朵的绘制则使其熟悉渐变色的调节过程。最主要的还是天使翅膀抖动效果的制作，由此可以加深学生对动画原理的理解并使其熟悉动画绘制的过程。

# 分镜6　天　使

## 任务引入

在分镜5中已经完成了天使翅膀的绘制，那么天使在哪里呢？利用钢笔工具绘制出天

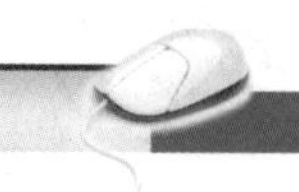

使的轮廓，最后用颜料桶工具给天使填充颜色，完成天真、善良的天使形象塑造。

## 任务分析

通过对绘制工具的熟练运用，能绘制一些难度较大的曲线，并能对绘制的图形填充合适的色彩进行进一步的美化，使制作出的画面能表现出想象中的预期效果。通过对分解天使各个部位的画法以及动作效果，理解Flash动画的制作需要分开的各部分独立的元件组成。

## 任务实施

1. 执行菜单栏中“插入→新建元件”命令，在“创建新元件”对话框中设置元件名称为“头01”，类型为“图形”，单击“确定”按钮，如图2-17所示。

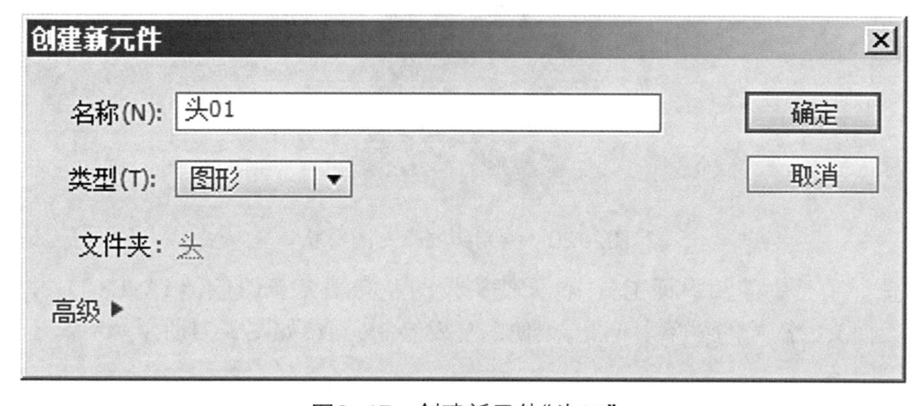


图2-17 创建新元件“头01”

2. 在元件面板中，选择工具中的钢笔工具，将属性面板中的笔触设为“0.10”，笔触颜色设为灰色（#959595），笔触样式设为“极细线”，其他保持默认值不变，在“头01”图形元件中绘制天使头发的形状，如图2-18所示。

图2-18 绘制天使头发的形状

3. 选择颜料桶工具将头发填充为咖啡色(#877563),如图2–19所示。

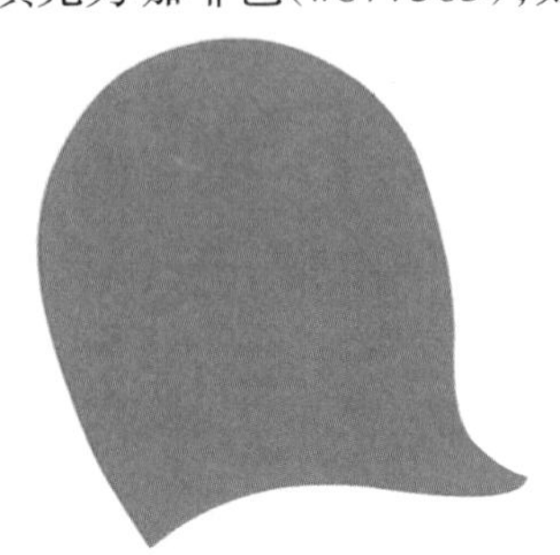

图2–19　填充头发的颜色

4. 在元件面板中时间轴下方,单击"插入图层",增加一个新图层。选择工具中的钢笔工具,绘制出天使头发的高光形状,如图2–20所示。

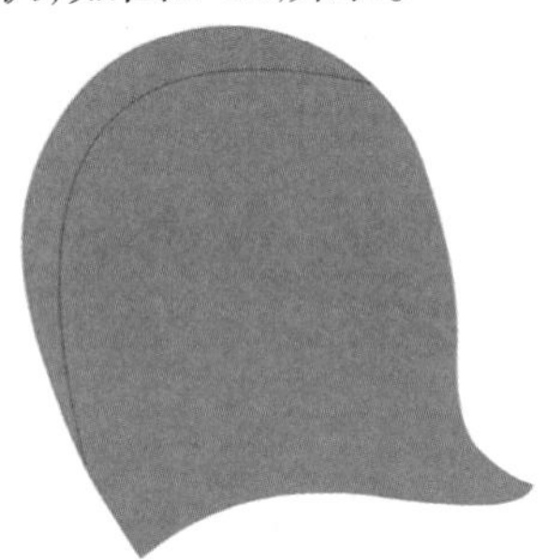

图2–20　绘制头发高光的形状

5. 选择工具中的颜料桶工具,将天使头发的高光填充灰白色(#AA9B8C),并删除绘制完的天使头发高光的线条。至此,天使的头发绘制完成,如图2–21所示。

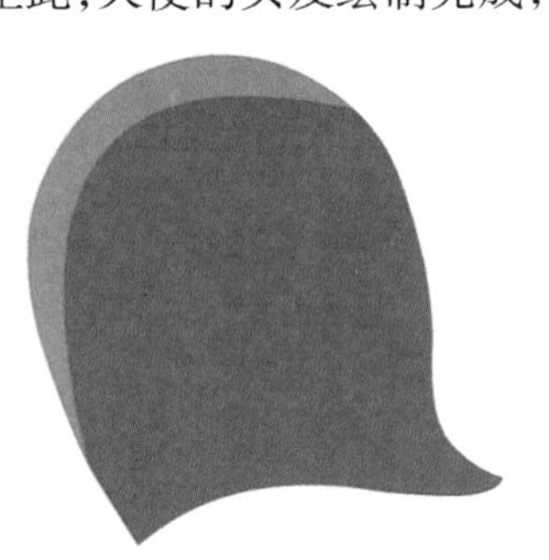

图2–21　完成头发的绘制

6. 重复操作,依次将天使头发的其余动态一一绘制出来,并依次命名为"头发01"至"头发07",如图2–22所示。

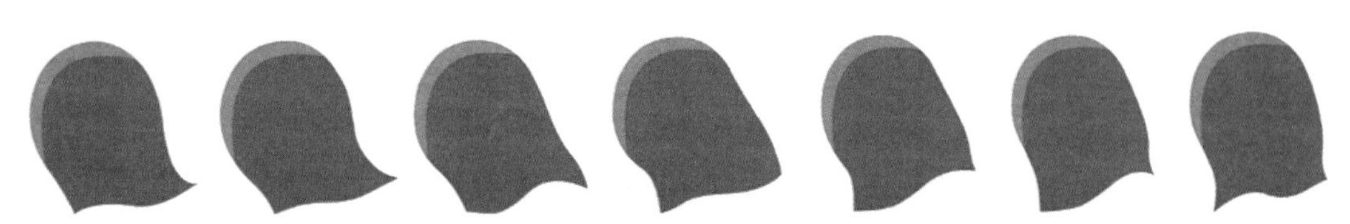

图2–22　天使头发其余的动态效果

7. 执行菜单栏中"插入→新建元件"命令，在"创建新元件"对话框中设置元件名称为"头动态"，类型为"影片剪辑"，单击"确定"按钮，如图2-23所示。

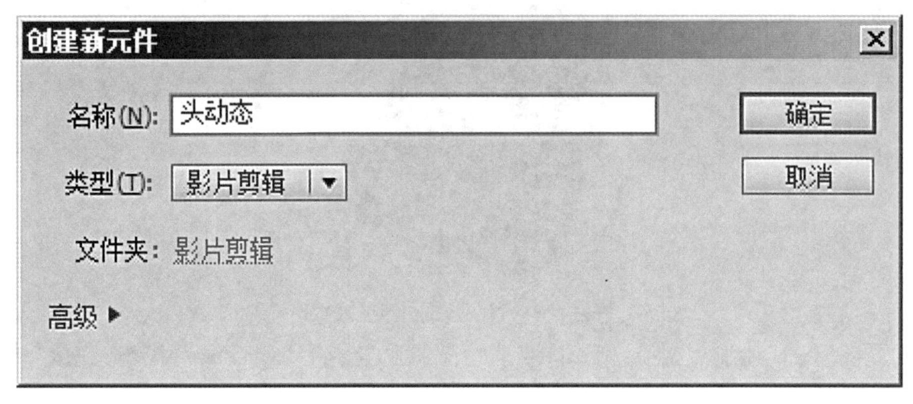


图2-23　创建新元件"头动态"

8. 进入影片剪辑元件编辑状态，将库面板中的"头01"元件拖曳到场景中，并选择第2帧，单击鼠标右键，在快捷菜单中选择"创建空白关键帧"命令，创建空白关键帧。单击时间轴下方"绘图纸外观"按钮，打开绘图纸外观模式，如图2-24所示。

图2-24　"绘图纸外观"效果

9. 将库面板中的"头发01"元件拖入第2帧的编辑区内，并与第1帧的位置保持一致，如图2-25所示。

图2-25　第2帧的效果

10. 重复操作，创建空白关键帧后，将其他相应的元件顺次拖入到编辑区内，如图2-26所示。

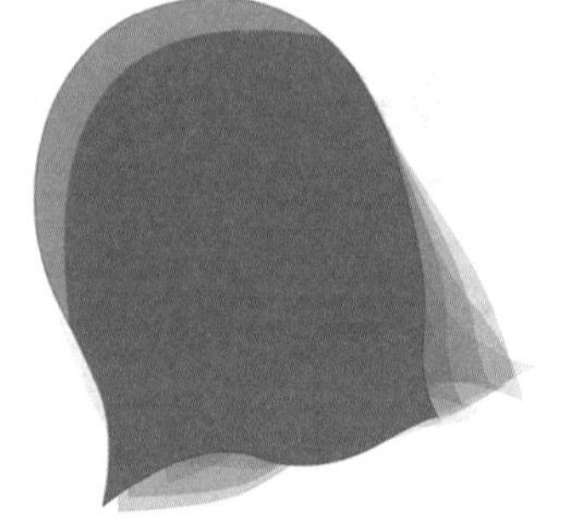

图2-26　“绘图纸外观”效果

11. 再次单击“绘制纸外观”按钮，取消绘图纸功能，回到场景编辑状态，完成“头发”元件的制作，如图2-27所示。

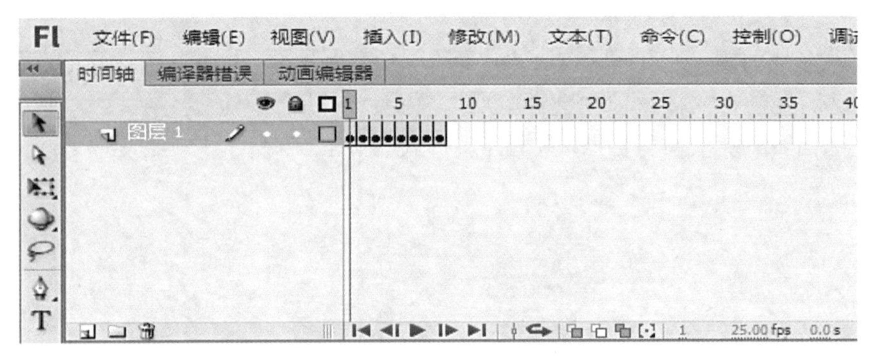


图2-27　头发逐帧动画

12. 依此类推，重复操作，依次完成“蝴蝶结”和“裙子”元件的制作，如图2-28所示。

图2-28　“蝴蝶结”和“裙子”元件动画分解图

13. 执行菜单栏中“插入→新建元件”命令，在“创建新元件”对话框中，设置名称为“翅膀”，类型为“图形”，单击“确定”按钮，如图2-29所示。

创建新元件
名称(N): 翅膀
确定
类型(T): 图形
取消
文件夹: 基本元件
高级

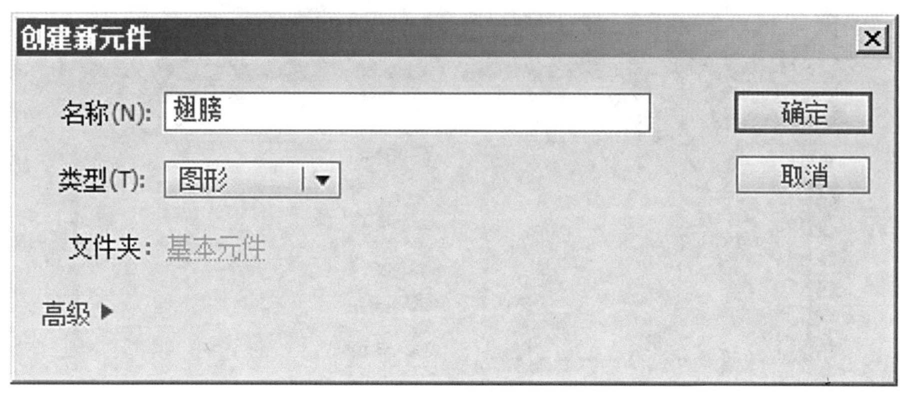

图2-29 创建新元件“翅膀”

14. 在元件面板中，绘制天使的翅膀。翅膀轮廓的笔触为“0.10”，笔触颜色为灰色(#959595)，笔触样式设为“极细线”；翅膀颜色的填充色为灰白色(#F1EFED)；翅膀阴影的填充色为灰色(#CEC7BF)，如图2-30所示。

图2-30 绘制翅膀

15. 执行菜单栏中“插入→新建元件”命令，在“创建新元件”对话框中设置元件名称为“翅膀动态02”，类型为“影片剪辑”，单击“确定”按钮，如图2-31所示。将库面板中的“翅膀”图形元件拖曳到场景中。

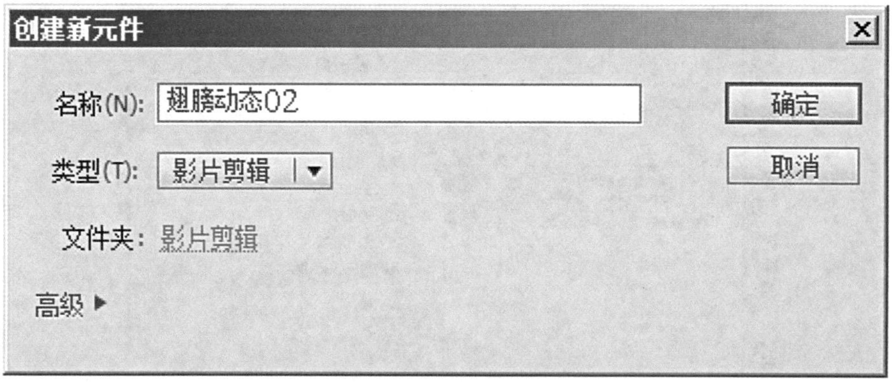

创建新元件
名称(N): 翅膀动态02
确定
类型(T): 影片剪辑
取消
文件夹: 影片剪辑
高级

图2-31 创建新元件“翅膀动态02”

16. 在元件面板中，选择时间轴第5帧，单击鼠标右键，在快捷菜单中选择“插入关键帧”命令，如图2-32所示。

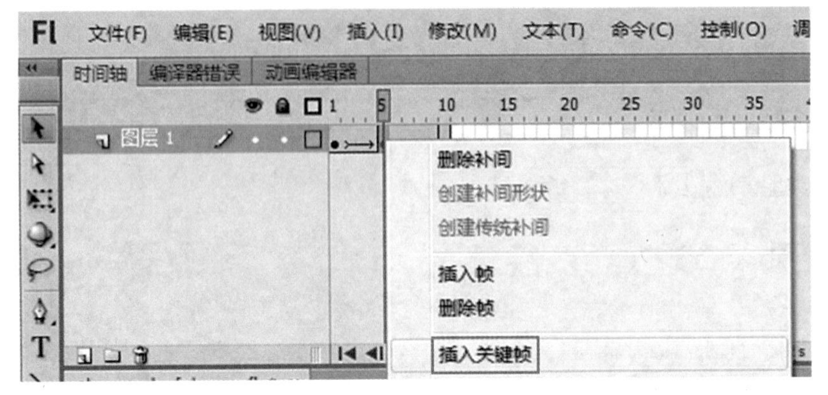


图2-32 “插入关键帧”命令

17. 在第6帧的关键帧上，选中“翅膀1”图形元件，选择任意变形工具，以元件左边下段为中心点，将这帧的元件方向稍变倾斜，如图2-33所示。

图2-33 翅膀方向倾斜

18. 选择时间轴第1帧，单击鼠标右键，在快捷菜单中选择“复制帧”命令，如图2-34所示。

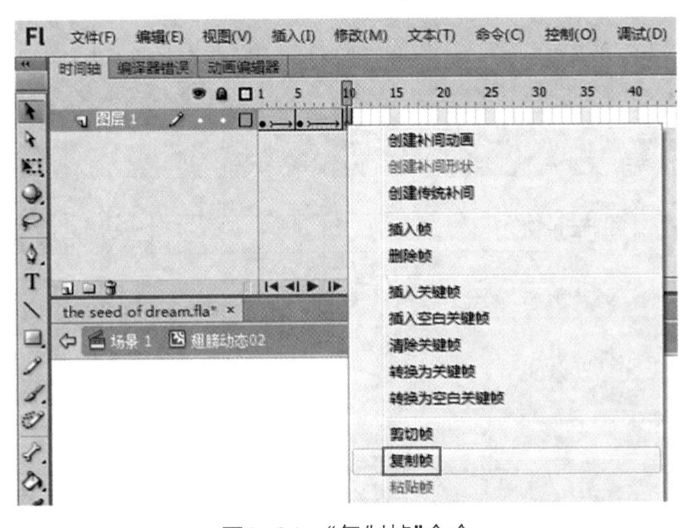


图2-34 “复制帧”命令

19. 选择时间轴第10帧，单击鼠标右键，在快捷菜单中选择“粘贴帧”命令，如图2-35所示。

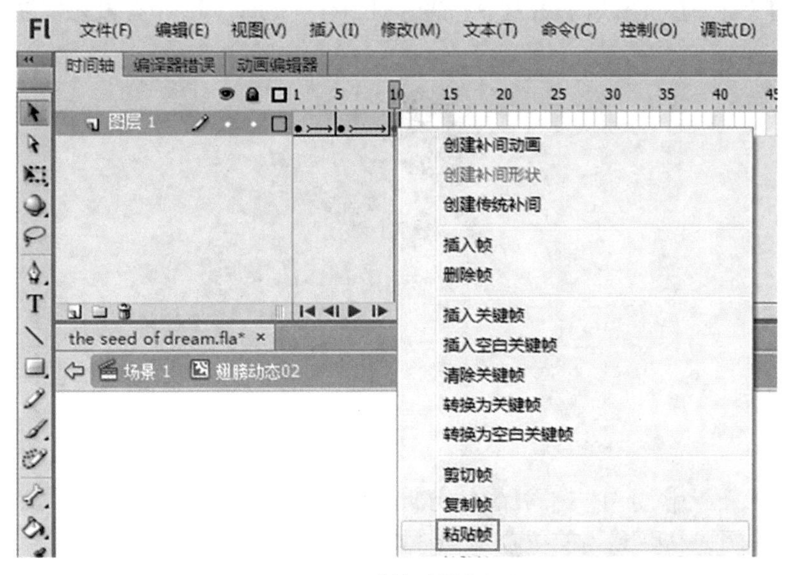


图2-35 “粘贴帧”命令

20. 在时间轴面板中，依次选择时间轴第1、6帧，单击鼠标右键，在快捷菜单中选择“创建传统补间”命令。至此，完成单个翅膀的动态，如图2-36所示。

图2-36 翅膀的动态

21. 执行菜单栏中“插入→新建元件”命令，在弹出的“创建新元件”对话框中设置名称为“天使”，类型为“影片剪辑”，单击“确定”按钮，如图2-37所示。

创建新元件

名称(N): 天使 确定

类型(T): 影片剪辑 取消

文件夹: 影片剪辑

高级

图2-37 创建新元件“天使”

22. 在场景编辑面板中，依次将库面板中的“裙子”“头发”“翅膀”“蝴蝶结”影片剪辑元件拖曳到场景中相应的图层内，并选择任意变形工具，把每个影片剪辑元件缩放至合适大小，如图2–38所示。

图2–38 将影片剪辑元件拖拽到场景中

23. 在场景面板中，选中“翅膀”影片剪辑元件，执行菜单栏中“编辑→复制”命令，并执行菜单栏中“编辑→粘贴到当前位置”命令，如图2–39所示。

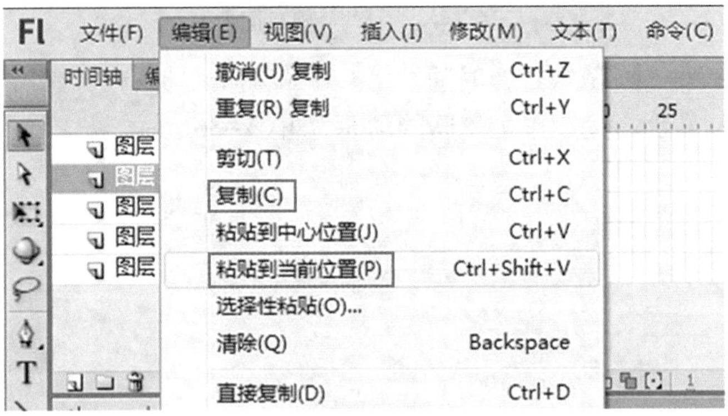

图2–39 复制元件并粘贴到当前位置

24. 执行菜单栏中“修改→变形→水平翻转”命令，并利用选择工具把水平翻转后翅膀的位置与原翅膀的位置相对应。至此，完成“天使”影片剪辑元件的制作，如图2–40所示。

图2–40 完成元件的制作

25. 单击编辑栏中“场景1”标签，回到场景1中。在时间轴面板中，选择“综合层3”图层上时间轴第497帧，单击鼠标右键，在快捷菜单中选择“插入空白关键帧”命令。将库面板中的“天使”影片剪辑元件拖曳到场景中，并选择任意变形工具缩放至合适大小，放置在场景的下方，如图2-41所示。

图2-41　场景效果

26. 选择“综合层3”图层上时间轴第552帧，单击鼠标右键，在快捷菜单中选择“插入关键帧”命令。选择任意变形工具，将“天使”影片剪辑元件缩小，如图2-42所示。

图2-42　将“天使”元件缩小

27. 选择时间轴第497帧，单击鼠标右键，在快捷菜单中选择“创建传统补间”命令，制作天使走远补间动画，至此，完成天使走远的效果，如图2-43所示。

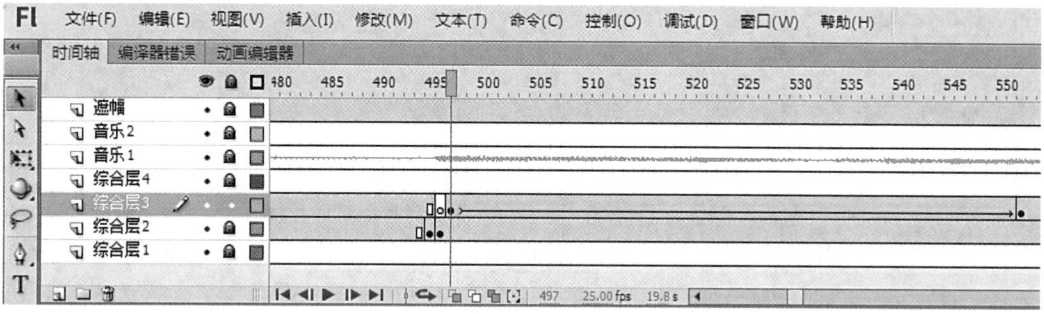

Fl　文件(F)　编辑(E)　视图(V)　插入(I)　修改(M)　文本(T)　命令(C)　控制(O)　调试(D)　窗口(W)　帮助(H)
时间轴　编译器错误　动画编辑器
480　485　490　495　500　505　510　515　520　525　530　535　540　545　550
遮幅
音乐2
音乐1
综合层4
综合层3
综合层2
综合层1
497　25.00 fps　19.8 s

图2-43　制作天使走远补间动画

28. 在时间轴面板中，依次选择时间轴第503、509、524、538、552帧，单击鼠标右键，在快捷菜单中选择“插入关键帧”命令，如图2-44所示。

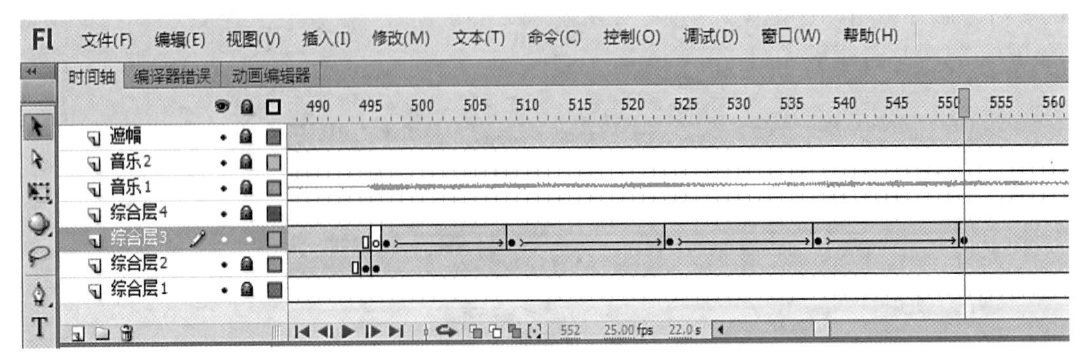


图2-44 插入关键帧

29. 选择第524、552帧的“天使”影片剪辑元件向上移动，选择第503、509、538帧的“天使”影片剪辑元件向下移动。依次在第503、509、524、538帧单击鼠标右键，在快捷菜单中选择“插入关键帧”命令，至此，完成天使走路的动态，如图2-45所示。

图2-45 天使走路的动态

30. 在时间轴面板中，依次选择“综合层2”“综合层3”“综合层4”图层上时间轴第580帧，单击鼠标右键，在快捷菜单中选择“插入空白关键帧”命令，转到下一个场景，如图2-46所示。

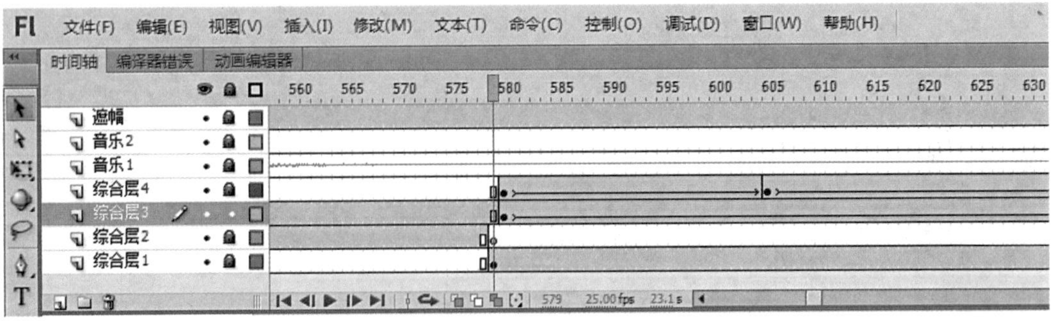

图2-46 插入空白关键帧

通过“裙子”“头发”“翅膀”“蝴蝶结”影片剪辑元件的制作，提高学生的动手能力，增强其耐心和细心，使学生理解逐帧动画的原理，能有效利用各种小技巧辅助绘图工具进行动画效果的制作，提高动画的品质和创作效率。

## 分镜7 放飞梦想

### 任务引入

利用工具箱中的绘图工具，绘制出手掌和种子的图形，结合补间动画的知识完成种子发光效果的制作。最后通过天使的纤细之手，将种子播散于天地之间，希望它能吸收天地之精华而茁壮成长。

### 任务分析

使用线条、图形等工具进行绘制，使用选择工具进行调整，填充色工具进行美化，综合运用各个工具进行制作。对绘制的元件设置属性，添加效果，美化图形，使表达的效果更具美感，更贴切。

### 任务实施

1. 执行菜单栏中“插入→新建元件”命令，在“创建新元件”对话框中设置元件名称为“手”，类型为“图形”，单击“确定”按钮。并在元件面板中，绘制天使的手。手轮廓的笔触为“0.10”，笔触颜色为灰色(#959595)，笔触样式设为“极细线”；手颜色的填充色为灰白色(#EEE7E3)；翅膀阴影的填充色为灰白色(#E3DBD7)，如图2-47所示。

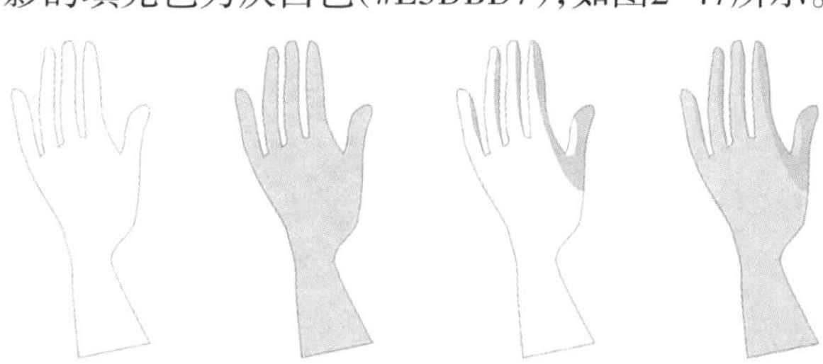

图2-47 绘制天使的手

2. 执行菜单栏中“插入→新建元件”命令，在“创建新元件”对话框中设置元件名称为“种子”，类型为“图形”，单击“确定”按钮，如图2-48所示。

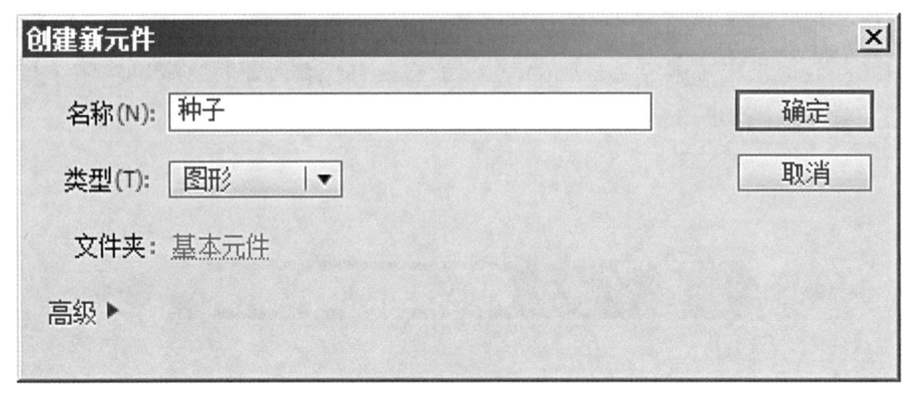


图2-48　创建新元件“种子”

3. 在元件面板中，修改“图层1”的名称为“种子形状”。选择工具中的钢笔工具，将属性面板中的笔触设为“0.10”，笔触颜色设为灰色(#959595)，笔触样式设为“极细线”，其他保持默认值不变，在新建的“种子”图形元件中绘制种子的形状，如图2-49所示。

图2-49　绘制种子的形状

4. 选择颜料桶工具将种子填充为浅红色(#D27B7B)，如图2-50所示。

图2-50　将种子填充为浅红色

5. 在元件面板中时间轴下方，单击“插入图层”，增加一个新图层，并命名为“高光和阴影”，如图2-51所示。

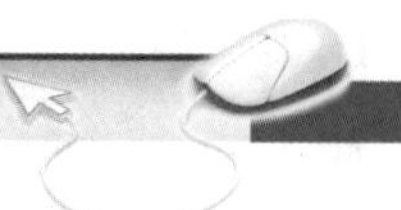

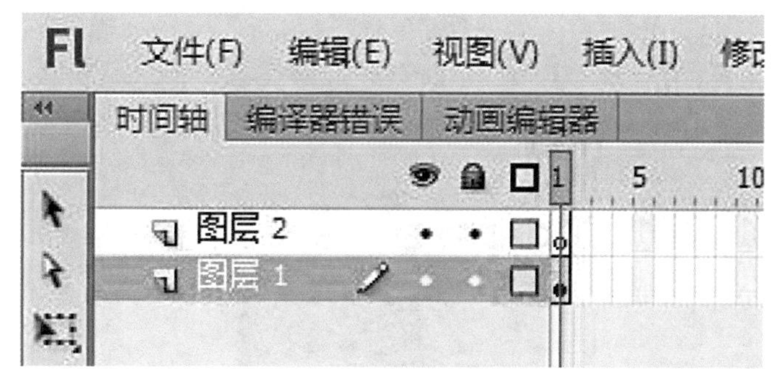


图2-51 新建图层

6. 选择钢笔工具，绘制出种子的高光和阴影形状，如图2-52所示。

图2-52 填充颜色

7. 选择工具中的颜料桶工具，将种子的高光填充粉红色(#D27B7B)，如图2-53所示。

图2-53 填充高光颜色

8. 选择工具中的颜料桶工具，将种子的阴影填充深红色(#B83D3D)，并删除绘制完的种子高光和阴影的线条，如图2-54所示。

图2-54 完成种子的初步制作

9. 单击“插入图层”，增加一个新图层，并命名为“渐变”。选择椭圆工具，将属性面板中的笔触颜色设为无色，填充类型设为为“径向渐变”，填充颜色设为从红色(#FF0404)渐变到红色(#E60000)，并把径向渐变的“Alpha”值依次设为“38%”“0%”。至此，完成种子的制作，如图2–55所示。

图2–55 完成种子的最终制作

10. 执行菜单栏中“插入→新建元件”命令，在“创建新元件”对话框中设置元件名称为“光环”，类型为“图形”，单击“确定”按钮，如图2–56所示。

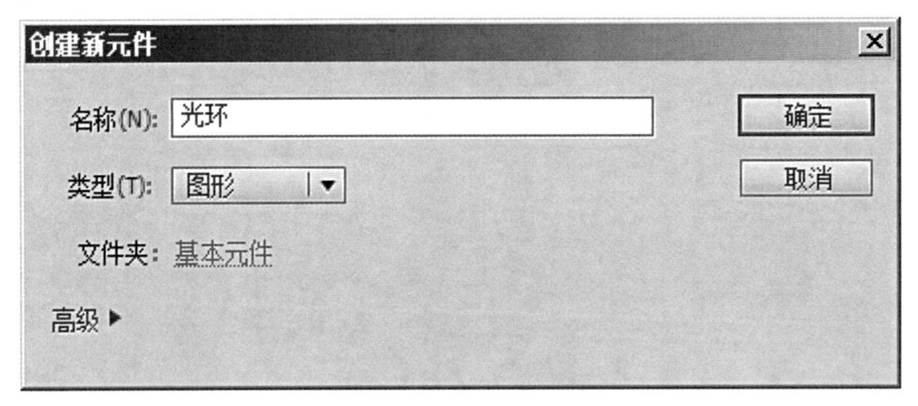


图2–56 创建新元件“光环”

11. 在元件编辑板中，选择椭圆工具，将属性面板中的笔触颜色设为无色，填充类型设为“径向渐变”，填充颜色设为从灰色(#FFDD91)渐变到肉色(#FFE9B8)渐变到白色(#FFFFFF)，并把径向渐变的“Alpha”值依次设为“0%”“100%”“0%”，如图2–57所示。

图2–57 制作种子的光芒

12. 执行菜单栏中“插入→新建元件”命令，在“创建新元件”对话框中设置元件名称为“种子发光”，类型为“影片剪辑”，单击“确定”按钮。将库面板中的“光芒”图形元件拖曳到场景中，并把“光芒”图形元件“Alpha”值设为83%，如图2-58所示。

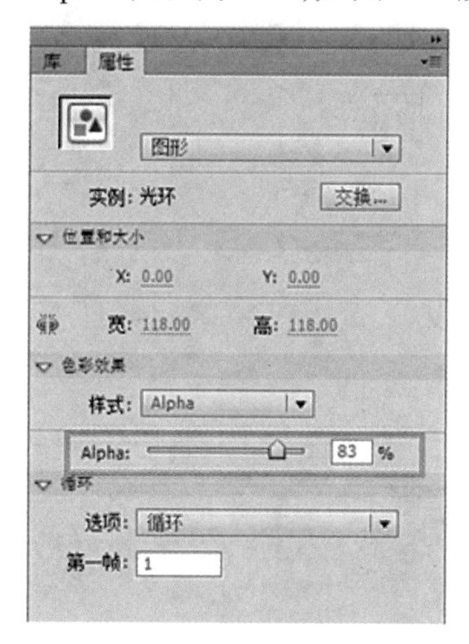

图2-58 将“光芒”元件拖曳到场景中

13. 选择时间轴第29帧，单击鼠标右键，在快捷菜单中选择“插入关键帧”命令。并选择时间轴第1帧，单击鼠标右键，在快捷菜单中选择“创建传统补间”命令，时间轴效果如图2-59所示。

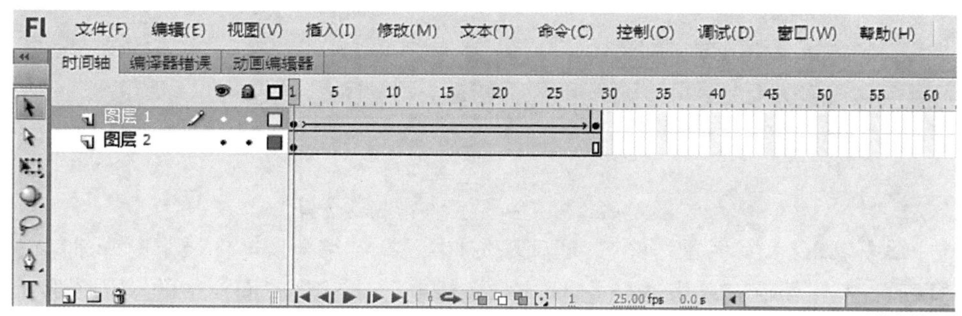

图2-59 创建传统补间时间轴效果

14. 在时间轴面板中，依次选择时间轴第2、4、6、11、13、15、21、29帧，单击鼠标右键，在快捷菜单中选择“插入关键帧”命令，如图2-60所示。

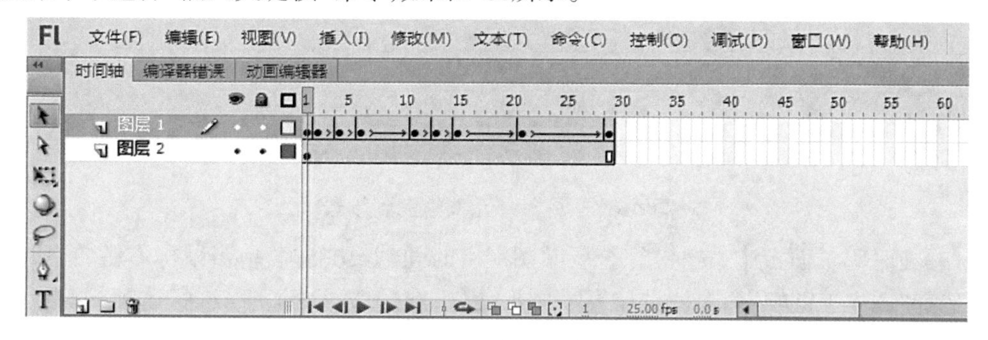

图2-60 插入关键帧

15. 在场景编辑面板中，依次单击第2、4、6、11、13、15、21、29帧在场景中的对象，在图形属性面板下色彩效果的样式中，依次将“Alpha”值设定为84%、86%、89%、95%、98%、100%、93%。至此，完成种子光芒的闪烁，如图2-61所示。

图2-61　完成种子光芒的闪烁

16. 在元件面板中时间轴下方，单击“插入图层”，增加一个新图层。将库面板中的“种子”图形元件拖曳到场景中，并选择任意变形工具缩放至合适大小，如图2-62所示。

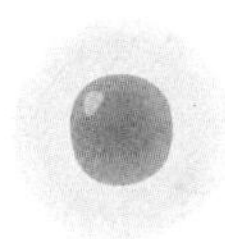

图2-62　将“种子”元件拖曳到场景

17. 单击编辑栏中“场景1”标签，回到场景1中。选择“综合层4”图层上时间轴第580帧，单击鼠标右键，在快捷菜单中选择“插入空白关键帧”命令。将库面板中的“手”图形元件拖曳到场景中，并选择任意变形工具缩放至合适大小，放置在场景的下侧，如图2-63所示。

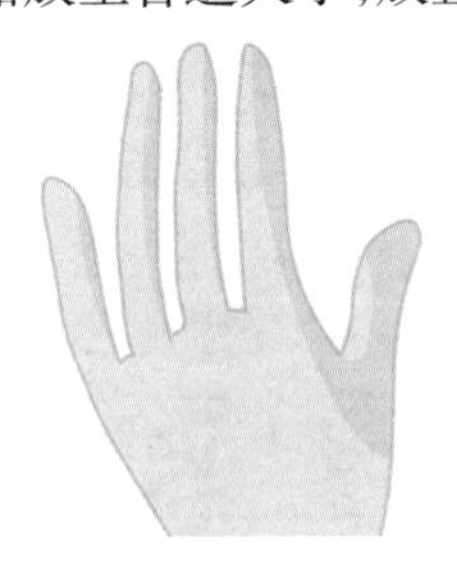

图2-63　将“手”元件拖曳到场景

18. 在时间轴面板中，选择“综合层4”图层上时间轴第605帧，单击鼠标右键，在快捷菜单中选择“插入关键帧”命令。选中“手”图形元件，选择任意变形工具，将这帧的对象方向变倾斜，如图2-64所示。

图2-64 改变“手”元件的方向

19. 选择时间轴第640帧，单击鼠标右键，在快捷菜单中选择“插入关键帧”命令。选中“手”图形元件，利用选择工具将这帧的元件移出舞台，如图2-65所示。

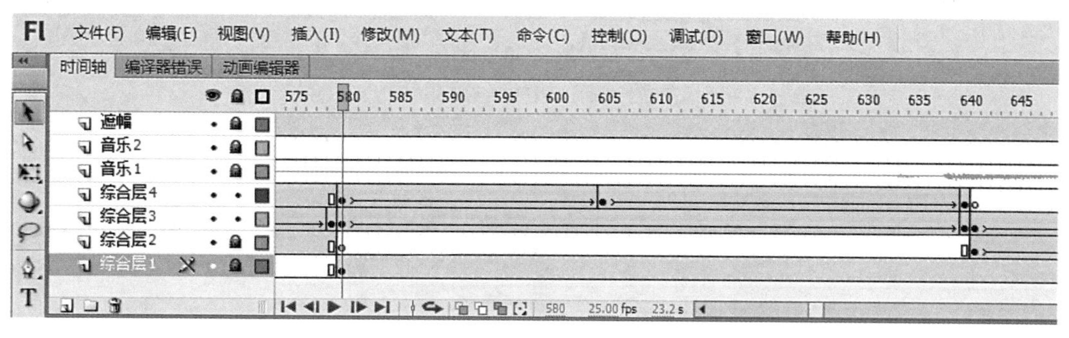


图2-65 制作手型移动动画

20. 在时间轴面板中，依次选择时间轴第580、618帧，单击鼠标右键，在快捷菜单中选择“创建传统补间”命令。至此，完成放手的动态效果，如图2-66所示。

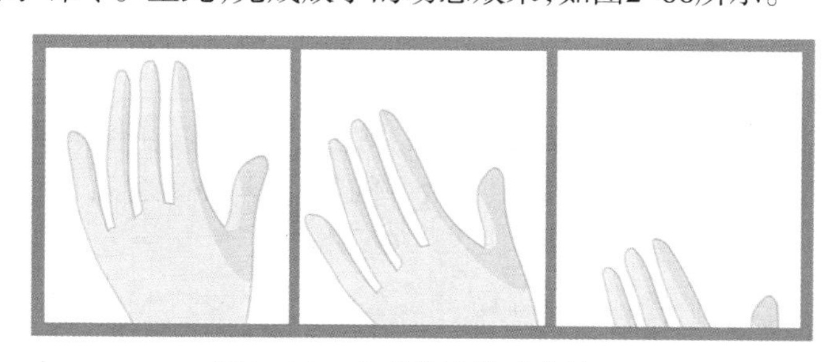

图2-66 完成放手的动态效果

21. 选择“综合层2”图层上时间轴第580帧，单击鼠标右键，在快捷菜单中选择“插入空白关键帧”命令。将库面板中的“发光种子”影片剪辑元件拖曳到场景中，并选择任意变形工具缩放至合适大小，放置在场景的下侧，如图2-67所示。

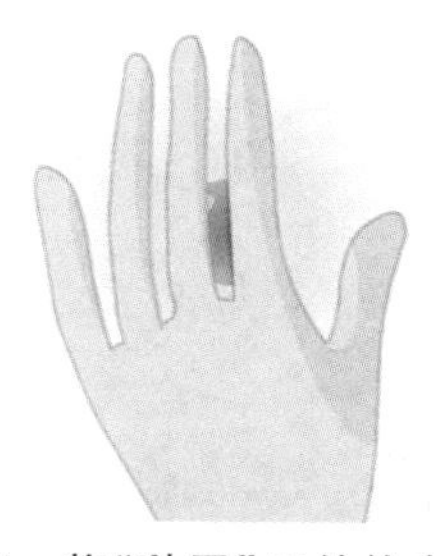

图2-67 将“种子”元件拖曳到场景

22. 选择时间轴第640帧，单击鼠标右键，在快捷菜单中选择“插入关键帧”命令。选中“种子”图形元件，选择任意变形工具，将“种子”图形元件向上移动，并且旋转放大，如图2-68所示。

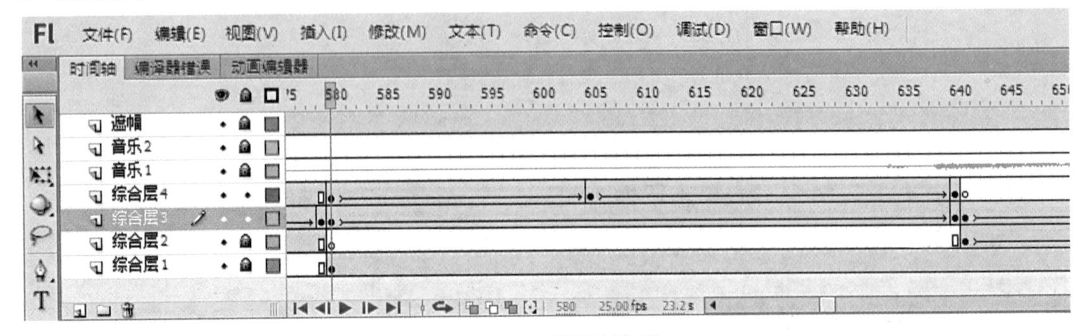


图2-68 时间轴效果

23. 选择时间轴第580帧，单击鼠标右键，在快捷菜单中选择“创建传统补间”命令，如图2-69所示。

图2-69 制作种子向上移动动画

24. 选择“综合层1”图层上时间轴第579帧，单击鼠标右键，在快捷菜单中选择“插入空白关键帧”命令。选择矩形工具，将属性面板中的笔触设为“无色”，填充颜色设为灰白色(#F1F3E8)，绘制一个600*400的背景，如图2-70所示。

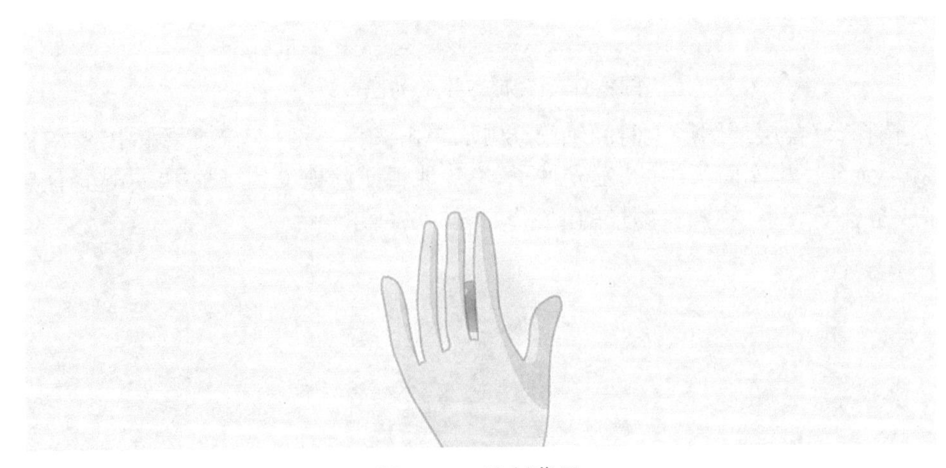

图2-70 绘制背景

25. 在时间轴面板中，依次选择“综合层2”“综合层3”“综合层4”图层上时间轴第641帧，单击鼠标右键，在快捷菜单中选择“插入空白关键帧”命令，转到下一个场景，如图2-71所示。

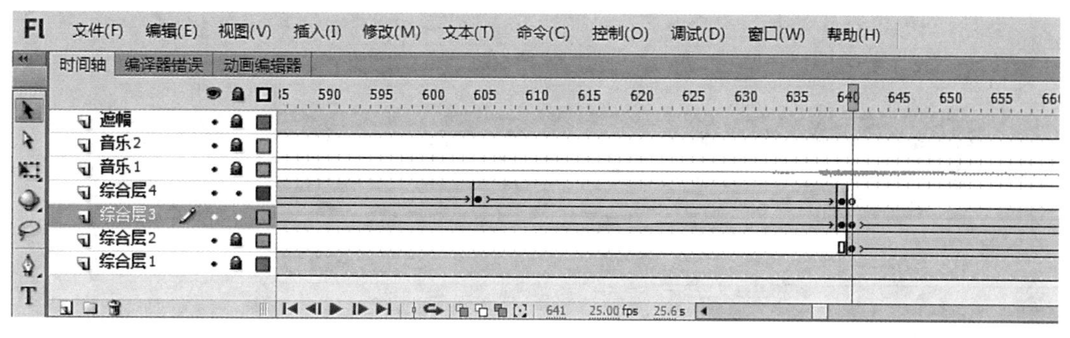


图2-71 插入空白关键帧转场景

## 任务小结

通过绘制手和种子的过程，使学生掌握元件的属性加强效果，如变形、旋转、透明等，提升其设计的档次和动画制作的真实感。添加高光、阴影等效果使设计更具表达性。通过各种补间以及帧的设置，完成设计的表达意图。

# 分镜8 仰望种子

## 任务引入

运用Flash CS6工具栏内的相关工具，完成天使仰望天空时的形象，最后根据分镜5绘制的天使翅膀，给天使加上两个翅膀。

## 任务分析

通过Flash的基本绘制工具，绘制天使的各部位，并熟悉动画人物的动作姿态效果。使用填充工具实现颜色的填充，并制作出高光以及阴影的效果来使整个任务更加饱满，并富有活力。

## 任务实施

1. 执行菜单栏中“插入→新建元件”命令，在“创建新元件”对话框中设置元件名称为“天使正面02”，类型为“图形”，单击“确定”按钮，如图2-72所示。

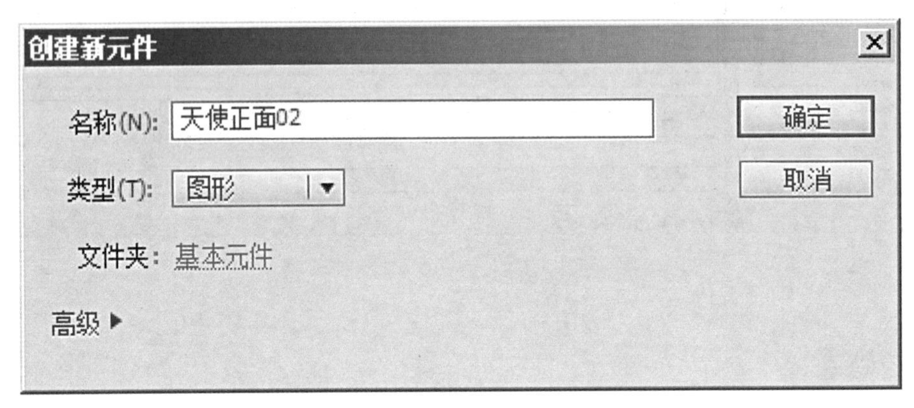


图2-72　创建新元件“天使正面02”

2. 在元件面板中，选择钢笔工具，将属性面板中的笔触设为“0.10”，笔触颜色设为灰色(#959595)，笔触样式设为“极细线”，其他保持默认值不变，绘制一个天使正面的外形，如图2-73所示。

3. 在元件面板中，选择颜料桶工具，将属性面板中的填充颜色设为咖啡色(#877563)，为天使正面的头发填充颜色，如图2-74所示。

图2-73　绘制天使正面的外形

图2-74　填充头发的颜色

4. 将天使脸部和手部的颜色填充为肉色(#EEE7E3)，裙子的颜色填充色为蓝色(#E7EBEF)，如图2-75所示。

5. 在元件面板中，选择钢笔工具，将属性面板中的笔触设为“0.10”，笔触颜色设为灰色(#959595)，笔触样式设为“极细线”，其他保持默认值不变，将天使身上的高光和阴影绘制出来，如图2-76所示。

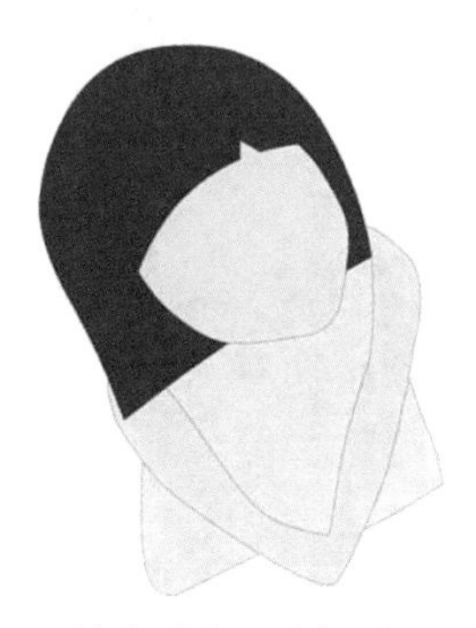

图2-75 填充脸部、手部、裙子的颜色

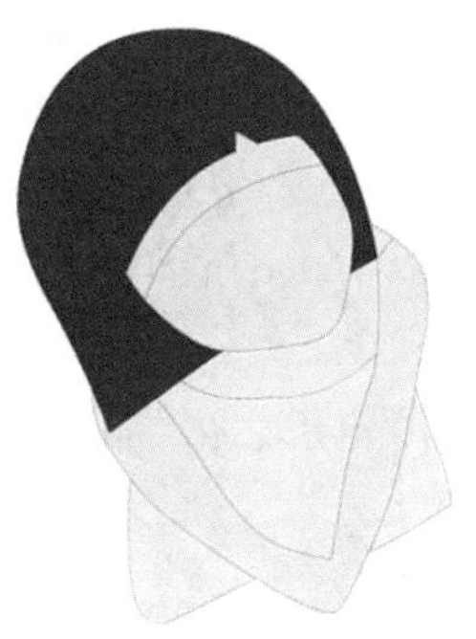

图2-76 绘制高光和阴影的形状

6. 将天使头发的高光颜色填充为咖啡色(#AA9B8C),天使脸部和手部的阴影填充为咖啡色(#D8C9BE),裙子的阴影颜色填充色为深蓝色(#C0CBD6),如图2-77所示。

7. 将库面板中的"天使正面02"图形元件拖曳到元件面板中。单击"插入图层",增加一个新图层。选择椭圆工具,将属性面板中的笔触颜色设为无色,填充颜色设为灰色(#000000),并将填充色的"Alpha"值设为"6%",绘制天使的阴影,如图2-78所示。

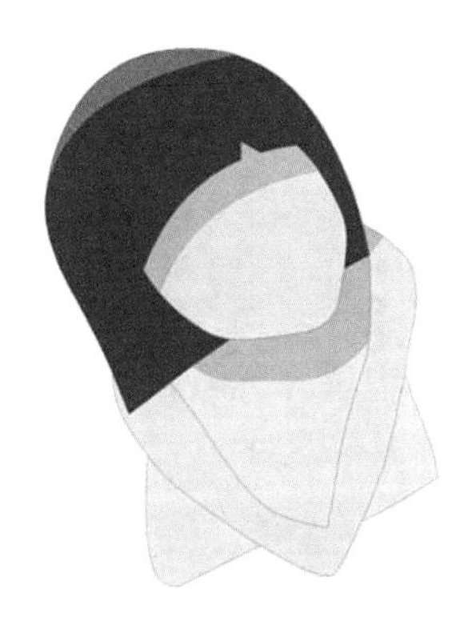

图2-77 填充高光和阴影的颜色

图2-78 绘制阴影

8. 将库面板中的"翅膀"图形元件拖曳到元件面板中,并选择任意变形工具,把图形元件旋转并缩放至合适大小,如图2-79所示。

图2-79 添加翅膀

图2-80 完成天使正面的制作

9. 选中“翅膀”图形元件，执行菜单栏中“编辑→复制”命令，并执行菜单栏中“编辑→粘贴到当前位置”命令。执行菜单栏中“修改→变形→水平翻转”命令，并利用选择工具使水平翻转后翅膀的位置与原翅膀的位置相对应，如图2–80所示。

10. 单击编辑栏中“场景1”标签，回到场景1中。选择“综合层3”图层上时间轴第641帧，将库面板中的“天使正面01”图形元件拖曳到场景中，并利用任意变形工具缩放至合适大小，放置在场景的左上角，如图2–81所示。

图2–81　将“天使正面01”拖曳到场景中

11. 选择时间轴第740帧，单击鼠标右键，在快捷菜单中选择“插入关键帧”命令。选择任意变形工具，将“天使”影片剪辑元件的方向倾斜，如图2–82所示。

图2–82　改变元件的位置大小

12. 选择时间轴第641帧，单击鼠标右键，在快捷菜单中选择“创建传统补间”命令，如图2–83所示。

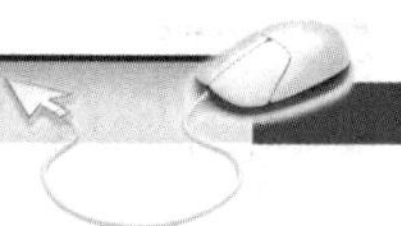

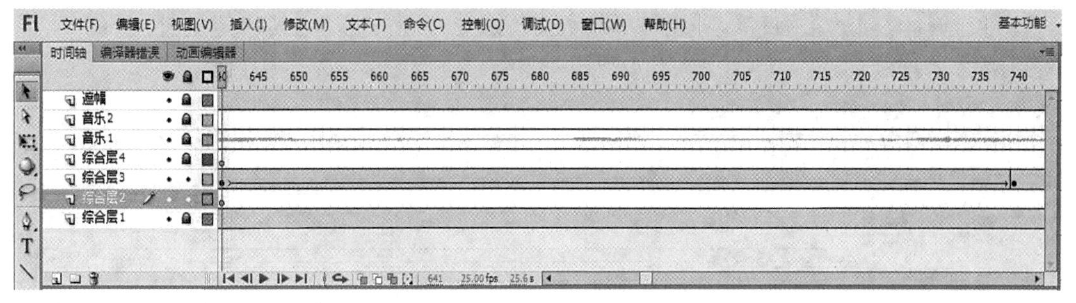

图2-83 创建传统补间

13. 选择“综合层2”图层上时间轴第641帧，将库面板中的“发光种子”影片剪辑元件拖曳到场景中，并选择任意变形工具缩放至合适大小，放置在场景的中间，如图2-84所示。

图2-84 将“发光种子”元件拖曳到场景

14. 选择时间轴第759帧，单击鼠标右键，在快捷菜单中选择“插入关键帧”命令。选择任意变形工具放大“发光种子”影片剪辑元件并移动到右下角，如图2-85所示。

图2-85 改变元件的位置大小

15. 选择时间轴第641帧，单击鼠标右键，在快捷菜单中选择“创建传统补间”命令，如图2-86所示。

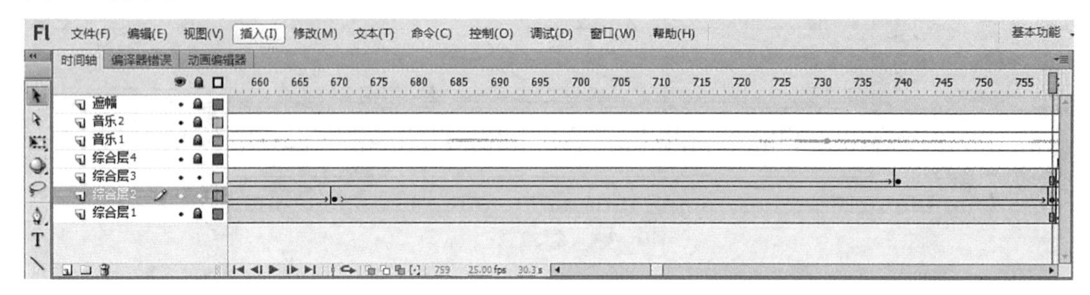


图2-86　创建传统补间

16. 在时间轴面板中，依次选择“综合层1”“综合层2”“综合层3”“综合层4”图层上时间轴第760帧，单击鼠标右键，在快捷菜单中选择“插入空白关键帧”命令，转到下一个场景，如图2-87所示。

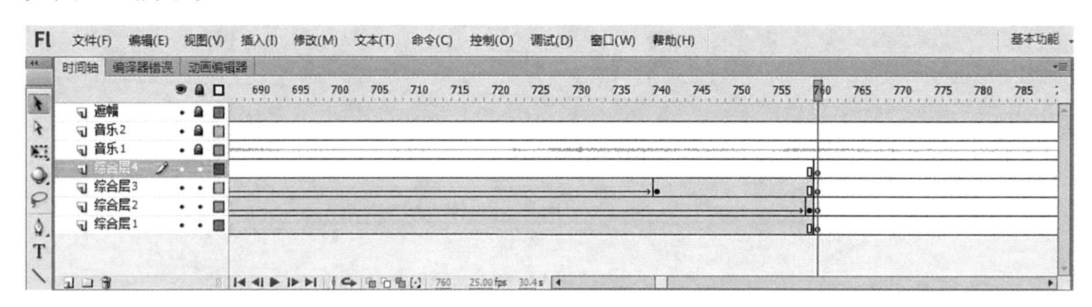


图2-87　转到下一个场景

## 任务小结

本次任务主要通过人物姿态的制作，使学生熟悉人物设计的一些动作姿态绘制过程，为其以后的创作设计打下基础。通过任务中翅膀的绘制，使学生进一步掌握修改中翻转命令的使用，从而可以简化动画的绘制过程。

## 分镜9　种子飞翔

## 任务引入

天使静静地仰望着天空，而此时种子慢慢飞上天空。利用Flash动画中的动作补间知识完成种子飞升升天的效果，通过调整种子的透明度，制作最后种子消失在天使的视线中的补间动画效果。

## 任务分析

使用任意变形工具和补间动画制作种子飞升由近及远的视觉效果。通过对种子元件Alpha值的设置，种子由近处飞升到远空直至看不见的真实效果。

## 任务实施

1. 在时间轴面板中，选择“综合层1”图层上时间轴第761帧，将库面板中“雪地背景”图形元件拖曳到场景中，并选择任意变形工具缩放至与画面一致的大小，如图2-88所示。

图2-88　将“背景3”拖曳到场景

2. 在时间轴面板中，依次选择“综合层1”图层上时间轴第890、910帧，单击鼠标右键，在快捷菜单中选择“插入关键帧”命令，如图2-89所示。

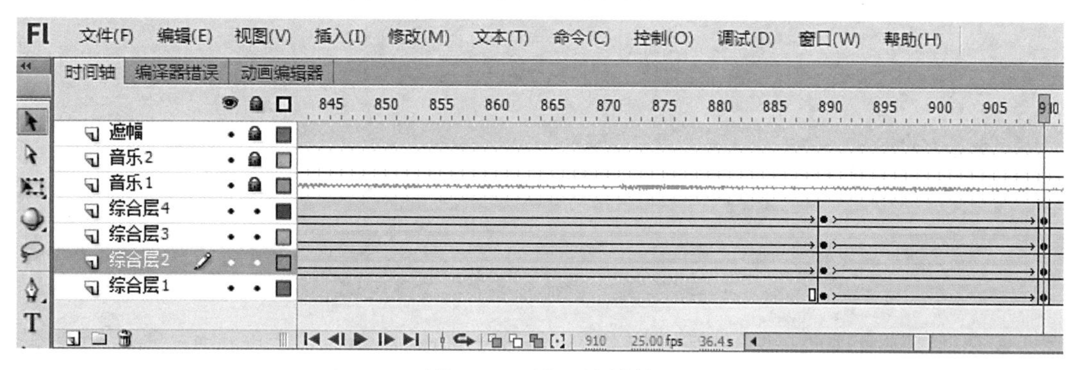


图2-89　插入关键帧

3. 选择"综合层1"图层时间轴第910帧，单击该帧在场景中的对象，在图形属性面板下的"色彩效果"样式中，将"Alpha"值设定为"0%"。如图2-90所示。

图2-90　创建补间动画

4. 执行菜单栏中"插入→新建元件"命令，在"创建新元件"对话框中设置元件名称为"云层"，类型为"图形"，单击"确定"按钮。将库面板中"云01""云02"图形元件拖曳到场景中，并选择任意变形工具缩放至合适的大小，如图2-91所示。

图2-91　制作云层效果

5. 在时间轴面板中，选择第890帧，单击鼠标右键，在快捷菜单中选择"创建传统补间"命令。至此，完成背景的淡出效果，如图2-92所示。

图2-92　雪地背景淡出效果

6. 在时间轴面板中，选择"综合层3"图层上时间轴第761帧，将库面板中"云层"图形元件拖曳到场景中，并选择任意变形工具缩放至合适的大小，如图2-93所示。

图2-93 将“云层”元件拖曳到场景

7. 选择“综合层3”图层上时间轴第910帧，单击鼠标右键，在快捷菜单中选择“插入关键帧”命令。将组合后的图形元件向右移动，如图2-94所示。

图2-94 插入关键帧

8. 选择“综合层2”图层上时间轴第910帧，单击鼠标右键，在快捷菜单中选择“插入关键帧”命令。依次选择第761、890帧，单击鼠标右键，在快捷菜单中选择“创建传统补间”命令。完成云朵的飘动效果，如图2-95所示。

图2-95 云层飘动效果

9. 选择“综合层2”图层时间轴第910帧，单击该帧在场景中的对象，在图形属性面板下的“色彩效果”样式中，将“Alpha”值设定为“0%”，如图2-96所示。至此，完成云朵的淡出效果。

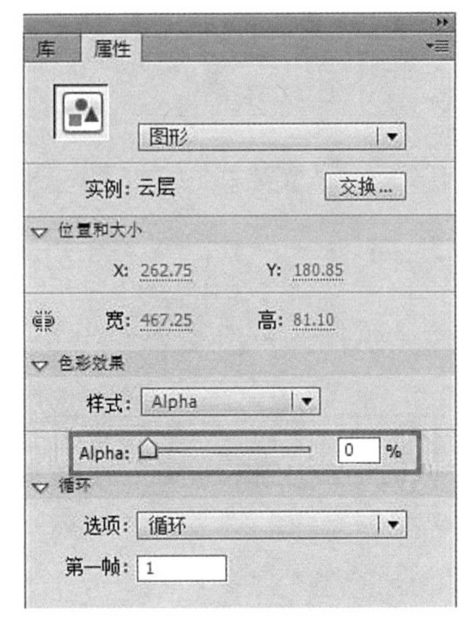


图2-96　完成云朵的淡出效果

10. 选择“综合层4”图层上时间轴第761帧，将库面板中“种子发光”影片剪辑元件拖曳到场景中，制作种子上升的效果，如图2-97所示。

图2-97　种子上升的效果

11. 执行菜单栏中“插入→新建元件”命令，在“创建新元件”对话框中设置元件名称为“种子尾巴”，类型为“图形”，单击“确定”按钮。选择刷子工具，绘制一条颜色为白色(#F1F3E8)的线，如图2-98所示。

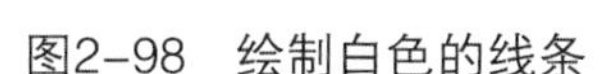

图2-98 绘制白色的线条

12. 单击编辑栏中“场景1”标签，回到场景1中。选择“综合层2”图层上时间轴第761帧，将库面板中“种子发光”影片剪辑元件拖曳到场景中，制作种子尾巴上升的效果，如图2-99所示。

图2-99 最终画面的效果

13. 在时间轴面板中，依次选择“综合层1”“综合层2”“综合层3”“综合层4”图层上时间轴第911帧，单击鼠标右键，在快捷菜单中选择“插入空白关键帧”命令，转到下一个场景。如图2-100所示。

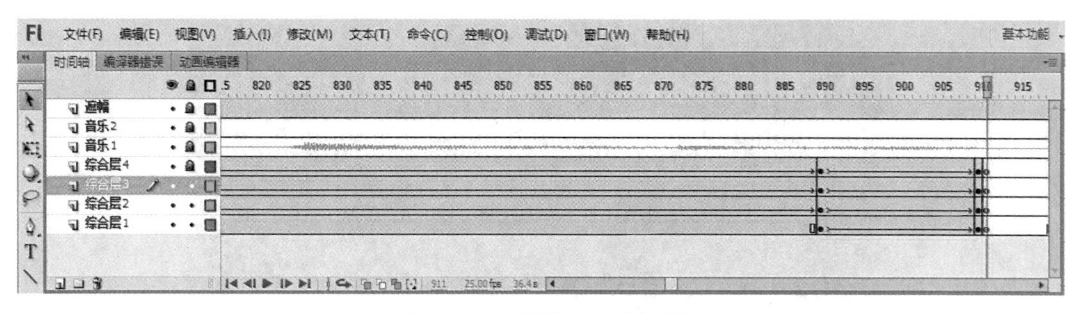


图2-100 转到下一个场景

## 任务小结

通过制作种子飞升上天的效果，使学生掌握任意变形工具的使用以及透明度属性值的设置，并结合补间动画以及元件完成种子渐渐飞上天空、慢慢变小以至消失在视线中的效果，以此来表达创作的意图。

# 分镜10 飘过海洋

## 任务引入

种子飘过雪地，飞向辽阔无际的海洋。在黑夜的背景下，利用Flash工具栏中的相关工具，绘制出海豚游动中的不同状态和流星图形，最后制作出海豚游动于海洋以及流星飞逝的动作补间效果。

## 任务分析

对背景进行淡入淡出效果的制作。在影片剪辑内制作游动的海豚，在关键帧内制作多个游动姿势形态的海豚，海豚为形状补间，并导入舞台。最后制作流星在海面划过。

## 任务实施

1. 在时间轴面板中，选择“综合层1”图层上时间轴第920帧，将库面板中“星空海面”图形元件拖曳到场景中，选择任意变形工具缩放至比画面大一圈，并且元件的左端与画面的左端相重合，如图2-101所示。

图2-101 元件降低“Alpha”值的效果

2. 选择“综合层1”图层上时间轴第920帧，单击该帧在场景中的对象，执行菜单栏中“修改→转换为元件”命令，在“转换为元件”对话框中设置元件名称为“海面海豚”，类型为“影片剪辑”，单击“确定”按钮，如图2-102所示。

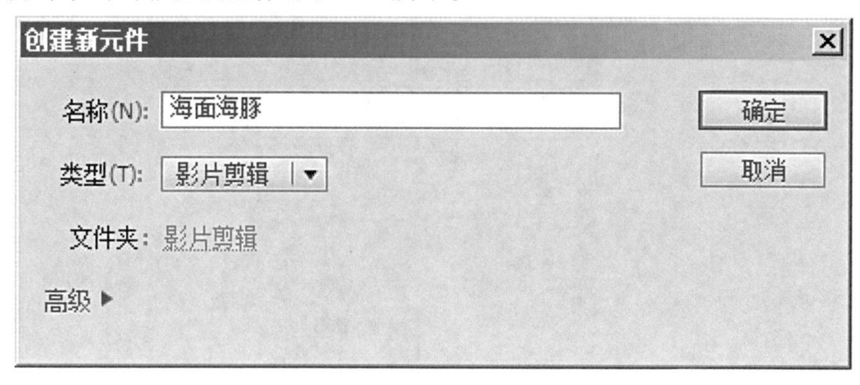


图2-102 将“星空海面”元件转换为“海面海豚”元件

3. 在元件面板中，选择时间轴第128帧，单击鼠标右键，在快捷菜单中选择“插入关键帧”命令。利用选择工具将“背景4”图形元件向左移动。在元件面板中，依次选择时间轴第16、86帧，单击鼠标右键，在快捷菜单中选择“插入关键帧”命令，如图2-103所示。

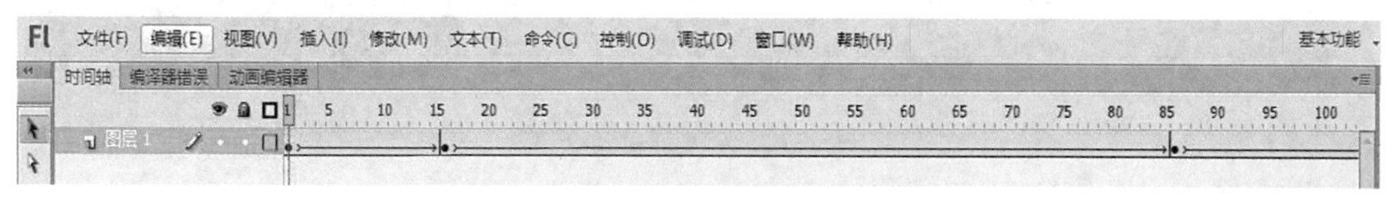


图2-103 插入关键帧

4. 在元件面板中，并依次选择时间轴第1、16、86帧，单击鼠标右键，在快捷菜单中选择“创建传统补间”命令，如图2-104所示。

文件(F) 编辑(E) 视图(V) 插入(I) 修改(M) 文本(T) 命令(C) 控制(O) 调试(D) 窗口(W) 帮助(H) 基本功能

时间轴 编译器错误 动画编辑器

图层 1

图2-104 创建传统补间

5. 在场景编辑面板中，选择时间轴面板中第1帧，单击该帧在场景中的对象，在图形属性面板下的“色彩效果”样式中，将“Alpha”值设定为“0%”，其效果如图2-105所示。

图2-105 背景淡入效果

6. 选择时间轴面板中第1帧，单击该帧在场景中的对象，在图形属性面板下的“色彩效果”样式中，将“色调”值设定为黑色(#000000)，如图2-106所示，设定后的效果如图2-107所示。

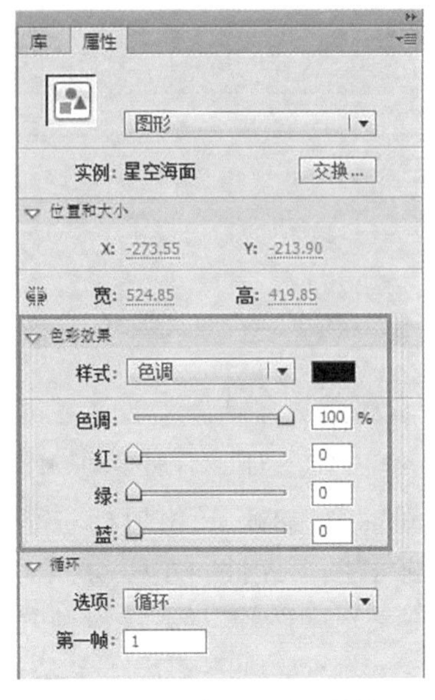


图2-106　设置“色调”值

图2-107　背景淡出效果

7. 执行菜单栏中“插入→新建元件”命令，在“创建新元件”对话框中设置元件名称为“鱼游动01”，类型为“影片剪辑”，单击“确定”按钮，如图2-108所示。

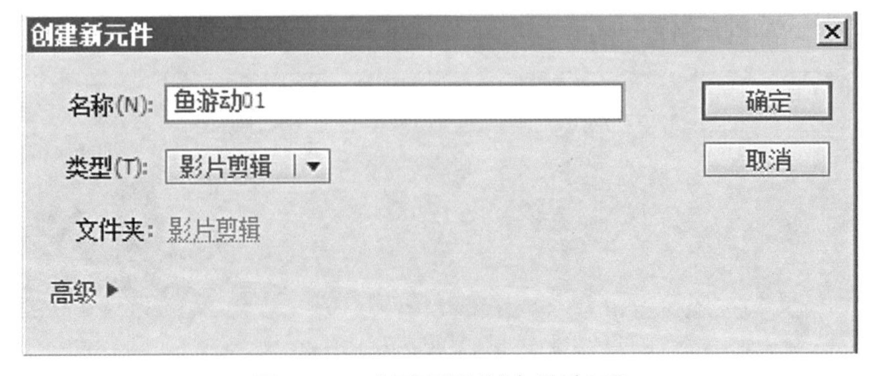


图2-108　创建新元件“鱼游动01”

8. 在时间轴面板中，选择钢笔工具，每隔几帧单击鼠标右键，在快捷菜单中选择“插入空白关键帧”命令，在空白帧处绘制颜色为灰色(#10151B)鱼的形状，并保持每帧的对象相对应，如图2-109所示。

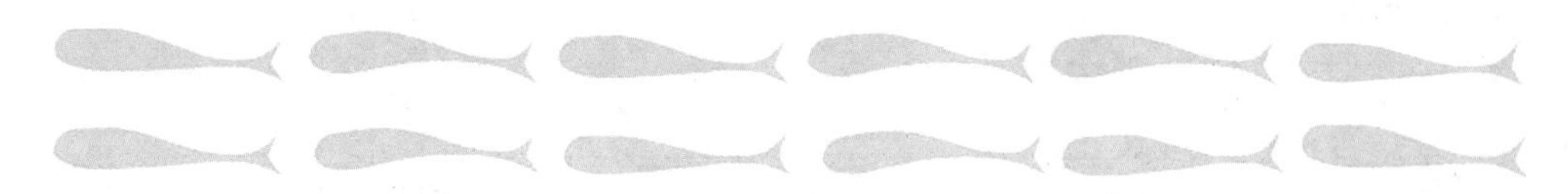

图2-109 鱼的全部动态

9. 在元件面板中，单击时间轴面板中“图层1”图层，在元件编辑上单击鼠标右键，在快捷菜单中选择“创建补间形状”命令，如图2-110所示。

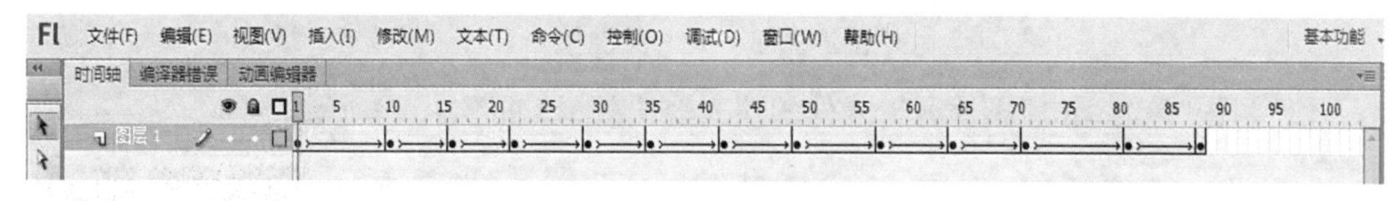


图2-110 创建补间形状

10. 双击库面板中的“海面”影片剪辑元件，进入元件编辑界面。在元件面板中时间轴下方，单击“插入图层”，增加一个新图层。将库面板中的“鱼游动01”元件拖曳到场景中，如图2-111所示。

图2-111 将“鱼游动01”元件拖曳到场景

11. 选择“图层2”上时间轴第126帧，单击鼠标右键，在快捷菜单中选择“插入关键帧”命令。选择任意变形工具，将这帧的对象移动并倾斜，如图2-112所示。

图2-112 改变元件的方向

12. 在元件面板中，选择时间轴第1帧，单击鼠标右键，在快捷菜单中选择“创建传统补间”命令。并依次选择时间轴第16、86帧，单击鼠标右键，在快捷菜单中选择“插入关键帧”命令，如图2-113所示。

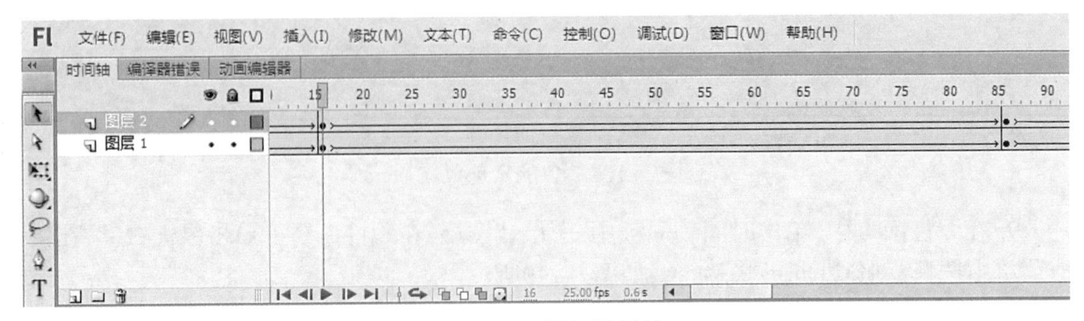


图2-113　插入关键帧

13. 制作“鱼游动01”影片剪辑元件的淡入淡出效果，如图2-114所示。

图2-114　“鱼游动01”元件的淡入淡出效果

14. 在元件面板中时间轴下方，将库面板中的“种子发光”元件拖曳到场景中，制作种子飞的效果，如图2-115所示。

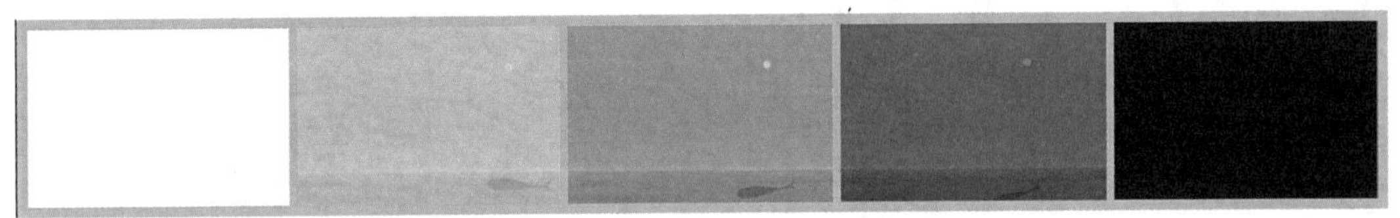

图2-115　种子飞的效果

15. 执行菜单栏中“插入→新建元件”命令，在“创建新元件”对话框中，设置名称为“流星”，类型为“图形”，单击“确定”按钮。选择刷子工具，在场景中绘制一条金色(#B1A95E)的线条，如图2-116所示。

图2-116　绘制流星

16. 双击库面板中的“海面”影片剪辑元件，进入元件编辑界面。在元件面板中时间轴下方，单击“插入图层”，增加一个新图层。选择“图层3”图层上时间轴第58帧，将库面板中的“流星”图形元件拖曳到场景中，如图2-117所示。

图2–117　将“流星”元件拖曳到场景

17. 在元件面板中，选择时间轴第80帧，单击鼠标右键，在快捷菜单中选择“插入关键帧”命令。利用选择工具将“流星”元件向左下方移动，如图2–118所示。

图2–118　创建新元件

18. 选择时间轴第58帧，单击鼠标右键，在快捷菜单中选择“创建传统补间”命令。选择时间轴面板中第80帧，单击该帧在场景中的对象，在图形属性面板下的“色彩效果”样式中，将“Alpha”值设定为“0%”。至此，完成流星消失的效果，如图2–119所示。

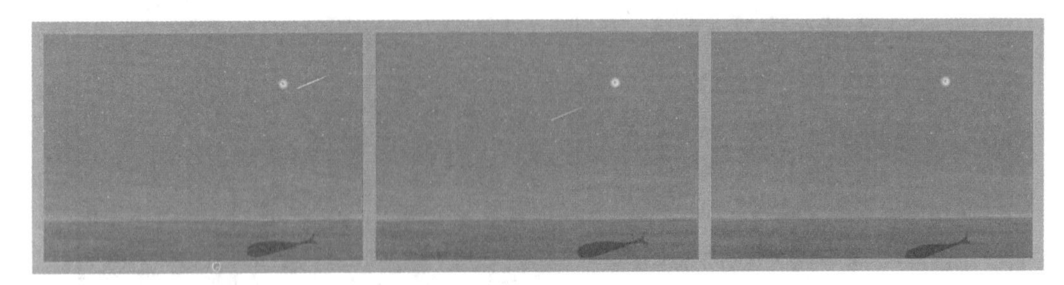

图2-119　流星消失的效果

19. 单击编辑栏中“场景1”标签，回到场景1中。选择“综合层2”图层上时间轴第761帧，将库面板中“海面海豚”影片剪辑元件拖曳到场景中，并选择任意变形工具缩放至与画面一致的大小，如图2-120所示。

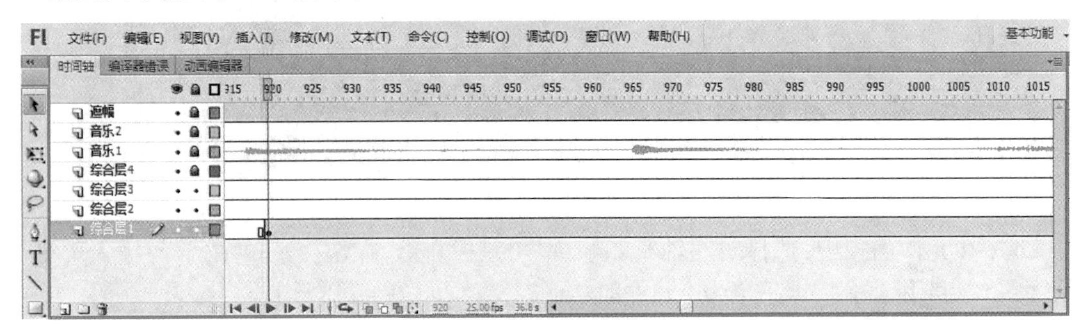


图2-120　置入海豚影片剪辑元件

20. 在时间轴面板中，选择“综合层1”图层上时间轴第1045帧，单击鼠标右键，在快捷菜单中选择“插入空白关键帧”命令，转到下一个场景，如图2-121所示。

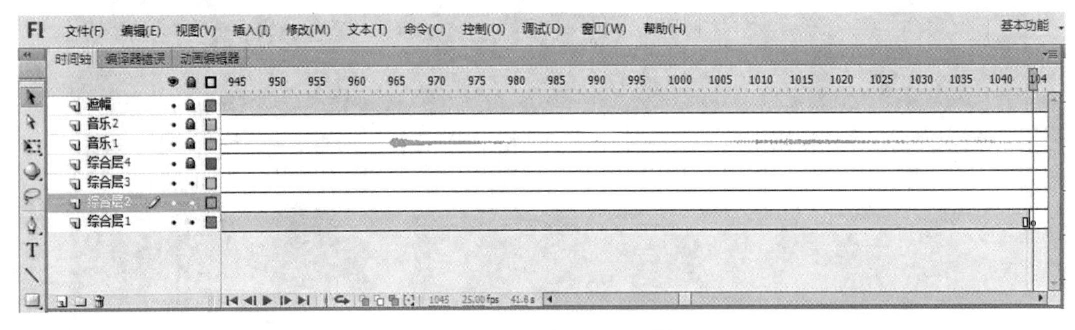


图2-121　转到下一个场景

## 任务小结

通过海豚的形状补间动画制作，使学生掌握形状补间的特效和制作原理，清楚传统补间与形状补间的区别与联系，了解影片剪辑的作用，并理解影片剪辑元件与图形元件之间的区别与联系。

# 分镜11 越过荒漠

## 任务引入

制作种子飞过荒漠的效果，它来到荒无人烟的沙漠，将经受沙漠中风暴的洗礼。通过Flash中的相关绘图工具，完成沙漠背景的制作，结合补间动画制作种子飞过荒漠的效果，并添加淡入淡出特效。

## 任务分析

导入背景，影片剪辑，组合动画，使独立的元件之间产生交互。改变云的颜色，并制作成阴影的效果。

## 任务实施

1. 在时间轴面板中，选择“综合层1”图层上时间轴第1045帧，单击鼠标右键，在快捷菜单中选择“插入空白关键帧”命令。将库面板中“田野背景”图形元件拖曳到场景中，并选择任意变形工具缩放至与画面一致的大小，如图2-122所示。

图2-122 将“田野背景”元件拖曳到场景

2. 在场景编辑面板中，选择时间轴第1045帧，单击该帧在场景中的对象，执行菜单栏中“修改→转换为元件”命令，在“转换为元件”对话框中设置元件名称为“飞过田野”，类型为“影片剪辑”，单击“确定”按钮，如图2-123所示。

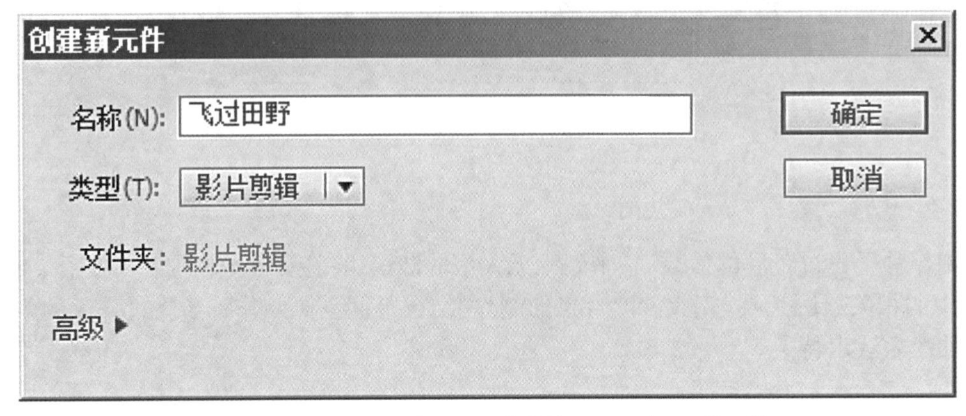


图2-123　将“田野背景”元件转换为“飞过田野”元件

3. 在元件面板中，依次选择时间轴第15、80、100帧，单击鼠标右键，在快捷菜单中选择“插入关键帧”命令，如图2-124所示。

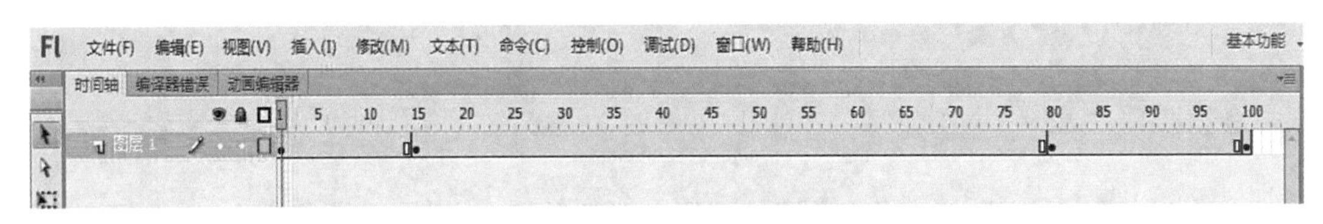


图2-124　插入关键帧

4. 在元件面板中，依次选择时间轴第1、15、80帧，单击鼠标右键，在快捷菜单中选择“创建传统补间”命令，如图2-125所示。

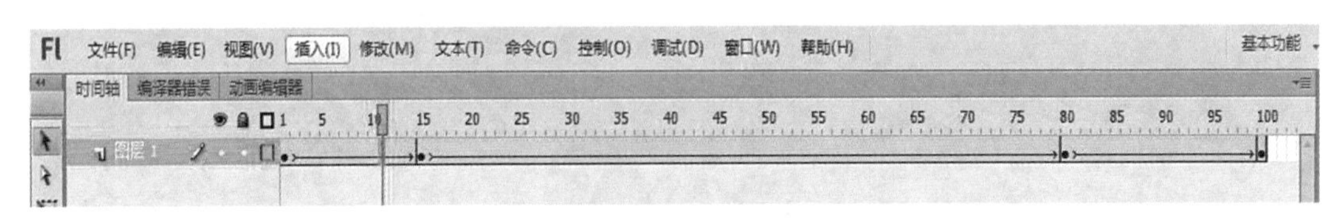


图2-125　创建补间动画

5. 在元件面板中，依次选择时间轴面板中第1、100帧，单击该帧在场景中的对象，在图形属性面板下的“色彩效果”样式中，将“色调”值设定为黑色(#000000)。完成背景的淡入淡出效果，如图2-126所示。

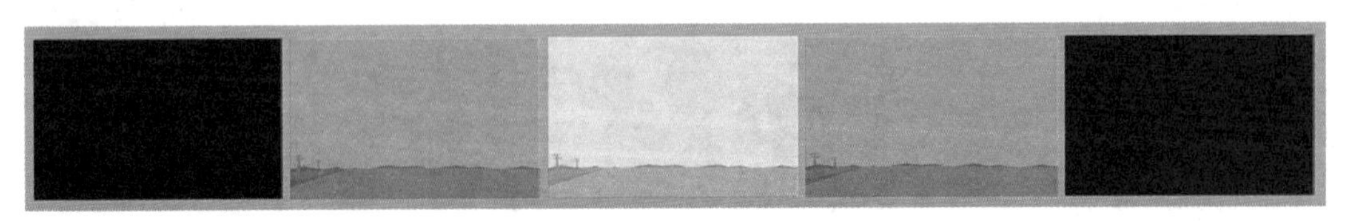

图2-126　背景的淡入淡出效果

6. 在元件面板中时间轴下方，单击“插入图层”，增加一个新图层。将库面板中的“种子发光”影片剪辑元件拖曳到场景中，如图2-127所示。

图2-127 将“种子发光”元件拖曳到场景

7. 在元件面板中，依次选择时间轴第15、80、100帧，单击鼠标右键，在快捷菜单中选择“插入关键帧”命令，利用选择工具改变“种子发光”影片剪辑元件的位置，并单击时间轴面板中“图层2”图层，在元件编辑上单击鼠标右键，在快捷菜单中选择“创建传统补间”命令，如图2-128所示。

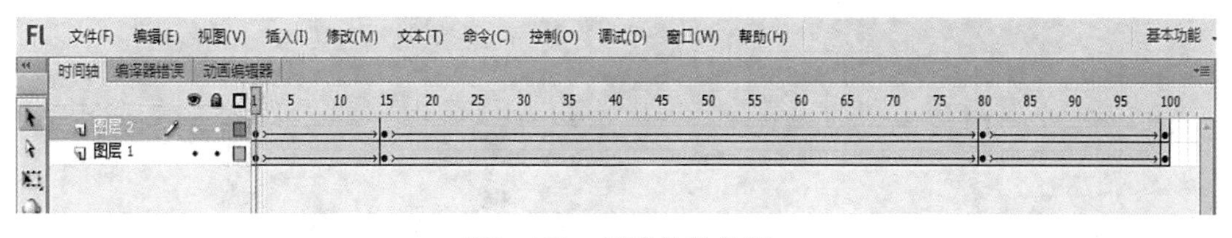


图2-128 创建传统补间

8. 在场景编辑面板中，依次选择时间轴面板中第1、100帧，单击该帧在场景中的对象，在图形属性面板下的“色彩效果”样式中，将“色调”值设定为黑色(#000000)。至此，完成种子的淡入淡出效果，如图2-129所示。

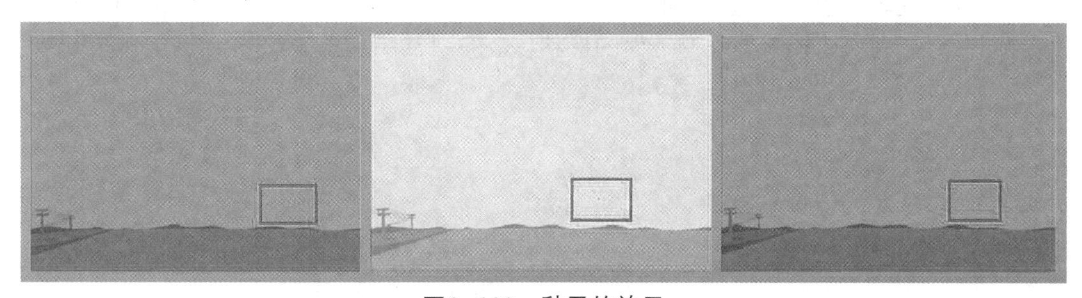

图2-129 种子的效果

9. 在元件面板中时间轴下方，单击“插入图层”，将库面板中的“云”图形元件拖曳到场景中，制作云飘动的效果，如图2-130所示。

图2-130　云飘动的效果

10. 在元件面板中时间轴下方，单击“插入图层”，增加一个新图层。选择钢笔工具，在场景中绘制颜色为灰色(#B6B7A2)的地面，如图2-131所示。

图2-131　绘制地面

11. 在时间轴面板中，在选择时间轴第80帧，单击鼠标右键，在快捷菜单中选择“插入关键帧”命令。利用选择工具改变地面的形状，如图2-132所示。

图2-132 改变地面的形状

12. 在时间轴面板中，依次选择时间轴第15、100帧，单击鼠标右键，在快捷菜单中选择“插入关键帧”命令。单击时间轴面板中“图层4”图层，在元件编辑上单击鼠标右键，在快捷菜单中选择“创建补间形状”命令，如图2-133所示。

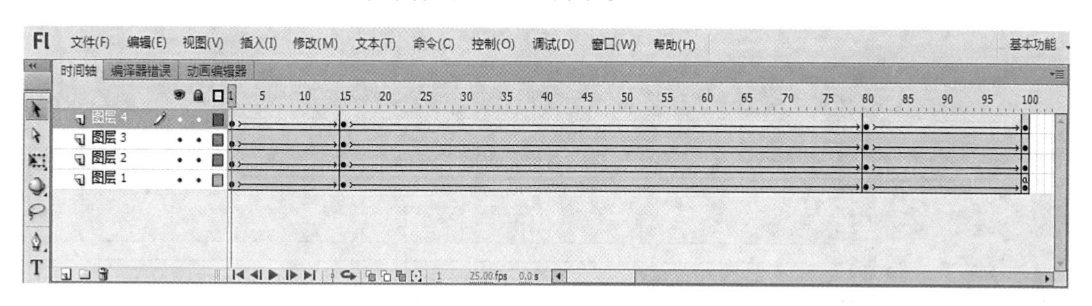


图2-133 创建补间形状

13. 在场景编辑面板中，依次选择时间轴面板中第1、100帧，单击该帧在场景中的对象，在形状属性面板下的填充颜色中，将颜色设定为黑色(#000000)，完成地面阴影的效果，如图2-134所示。

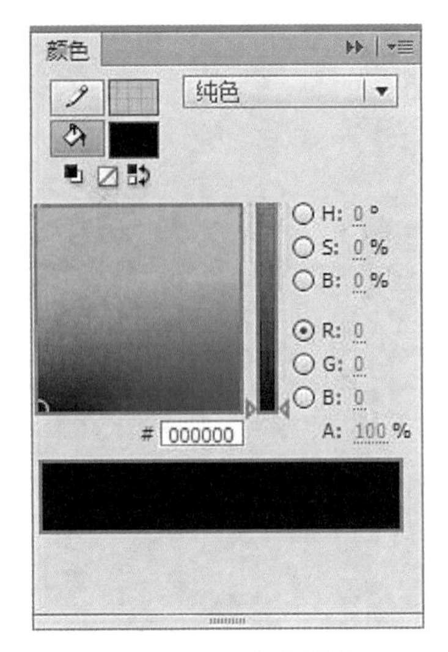


图2-134　改变颜色

14. 在元件面板中时间轴下方，单击“插入图层”，绘制云的阴影，制作云阴影的效果，如图2-135所示。

图2-135　云阴影的效果

15. 单击编辑栏中“场景1”标签，回到场景1中，如图2-136所示。

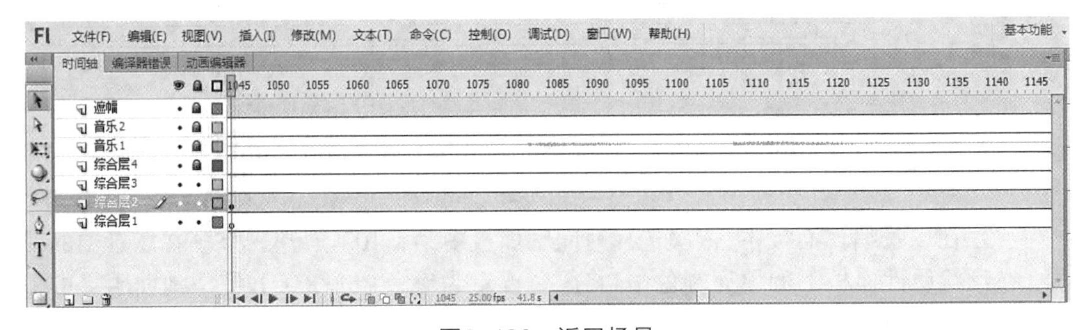


图2-136　返回场景

16. 在时间轴面板中，依次选择“综合层1”“综合层2”“综合层3”“综合层4”图层上时间轴第1150帧，单击鼠标右键，在快捷菜单中选择“插入空白关键帧”命令，转到下一个场景，如图2-137所示。

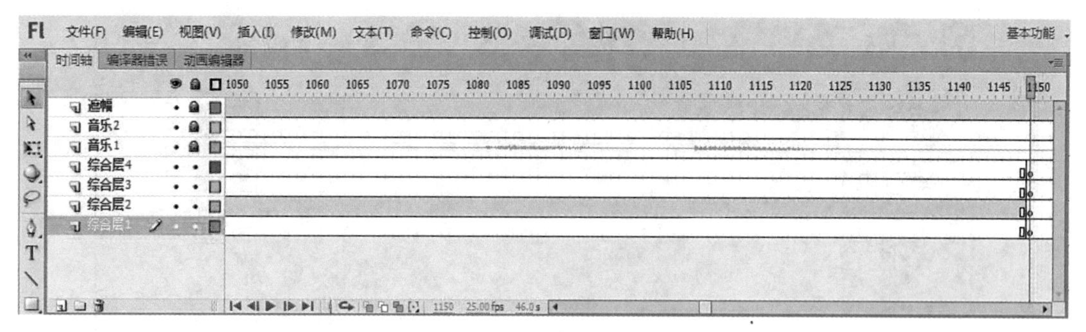

图2-137 转到下一个场景

## 任务小结

通过对各元件之间的组合制作，使学生理解元件的作用，能巧妙运用元件的便利性为创作设计提高工作效率。通过云阴影的制作，使学生灵活运用各种Flash工具达到表达意图。

# 分镜12 飞向蓝天

## 任务引入

种子在飞过雪地、海洋、荒漠之后，它将飞向美好憧憬的天空中，通过Flash中的相关工具，完成天空阳光的绘制，最后制作种子穿越云层飞向阳光灿烂的蓝天的动作补间效果。

## 任务分析

使用渐变工具，制作一个阳光从云层透射出的高光效果，导入种子和云进行动画组合。

## 任务实施

1. 执行“插入→新建元件”命令，在“创建新元件”对话框中设置类型为“图形”，名称为“放射背景”，如图2-138所示。

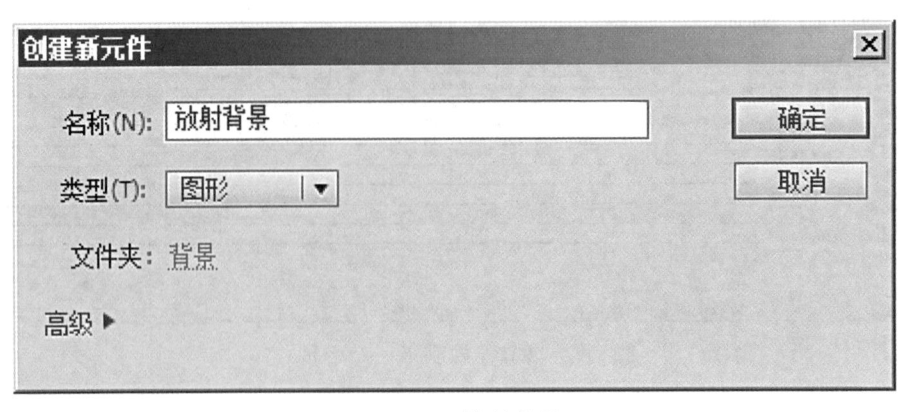


图2-138 放射背景

2. 单击“确定”按钮，进入元件编辑界面，利用工具箱中的矩形工具，在图层1的第1帧下绘制一个淡蓝色(#D2DBDA)矩形，如图2-139所示。

图2-139 矩形

3. 插入新图层，选择椭圆工具，打开颜色面板，如图2-140所示，设置颜色类型为“径向渐变”，设置第一个颜色块为RGB(255,255,255)，透明度为“58%”，第二个颜色块为RGB(255,255,255)，透明度为“56%”，第三个颜色块为RGB(242,244,234)，透明度为“0%”。然后在矩形右上角位置绘制一个圆形，如图2-141所示。

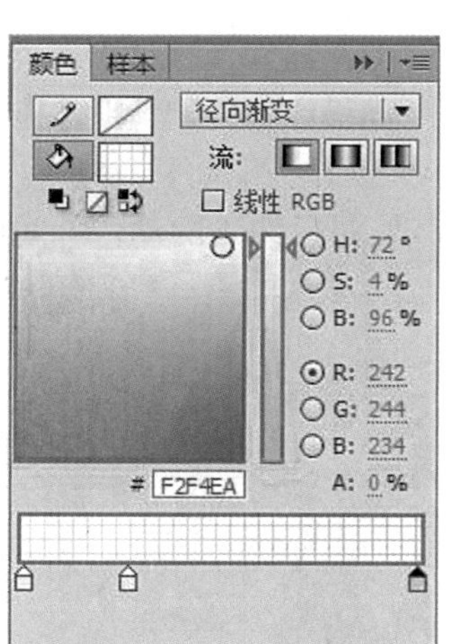


图2-140　设置颜色类型

图2-141　圆形

4. 返回场景中，在“综合层1”的第1150帧处，插入“空白关键帧”，将刚绘制的“放射背景”元件拖入舞台中心，使用任意变形工具调整实例的尺寸大小与舞台一致，到1238帧结束完成背景的淡入淡出动作补间动画，如图2-142所示。

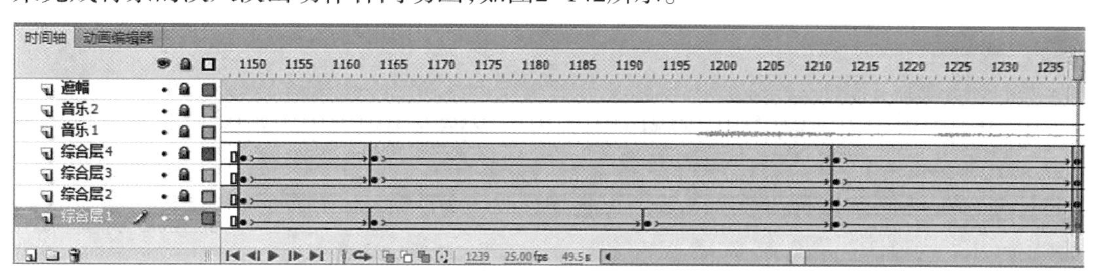


图2-142　调整反射背景大小

5. 在“综合层2”的第1150帧处，插入“空白关键帧”，选择库面板中的“种子发光”影片剪辑元件，将其拖入舞台适当位置，如图2-143所示。到1238帧结束完成种子由大变小、最

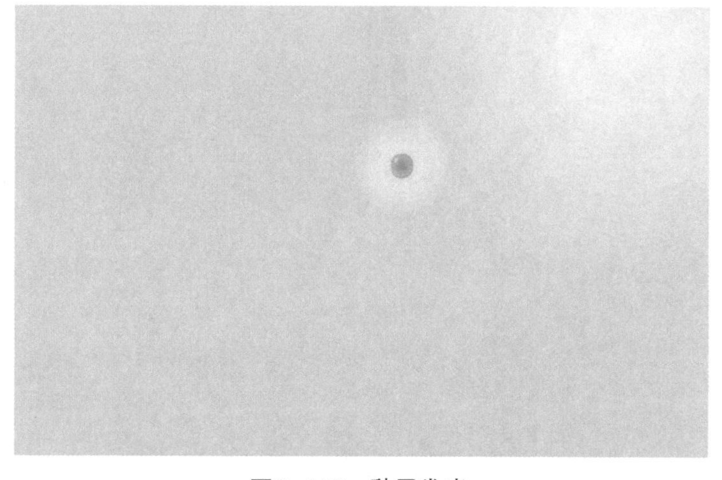

图2-143　种子发光

后消失的动作补间动画。

6. 单击“综合层3”的第1150帧处“插入空白关键帧”，将“库”面板中的“云04”元件拖入舞台中，到1238帧结束完成白云淡入，并往右边移动，最后淡出的动作补间动画。同理，在“综合层4”中，拖入“云03”元件，同样帧数完成淡入，往左边移动，最后淡出的动作补间动画效果，如图2-144所示。

图2-144　淡入淡出的动作补间效果

## 任务小结

在本次任务中，主要让学生通过相关工具完成阳光的制作，运用颜料桶工具填充颜色，使学生掌握如何通过颜色面板来设置颜色的类型，并熟练掌握渐变工具的使用方法。同时，使学生熟练掌握元件的综合运用，能将元件与动作补间动画更好地结合，完成一部有特色的动画制作。

# 梦 想 实 现

## 分镜13 萌 发 梦 想

### 任务引入

梦想将伴随着七彩彩虹而萌发，运用Flash工具栏内的相关工具，绘制出七种不同颜色的彩虹以及云朵。用湛蓝的天空作为背景，绘制男孩以及他面部表情变化的不同状态，最后导入种子，在男孩头上做盘旋动作。

### 任务分析

导入云朵，并使用Flash的基本工具制作彩虹作为背景。绘制男孩头像，结合补间动画的特点，制作动态的眼睛、嘴以及红脸蛋，使男孩有活灵活现的丰富面部表情，需要较细的耐心以及熟练的工具运用技巧以及对人物的表情特征的熟悉度。

### 任务实施

1. 执行菜单栏中“插入→新建元件”命令，在“创建新元件”对话框中设置类型为“图形”，名称为“浅蓝背景”，如图3-1所示。

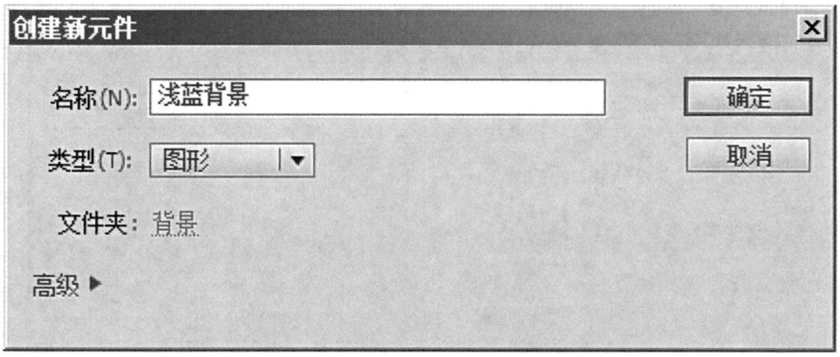

图3-1 创建新元件“浅蓝背景”

2. 单击“确定”按钮，进入编辑界面，利用矩形工具绘制一个浅蓝色(#C1D5CC)矩形，如图3-2所示。

图3-2　浅蓝背景

3. 返回场景中，点击“综合层1”的第1239帧，鼠标右键选择“插入空白关键帧”命令，将刚绘制的“浅蓝背景”元件拖入舞台，如图3-3所示，到1369帧结束完成背景淡入淡出的动作补间动画，如图3-4所示。

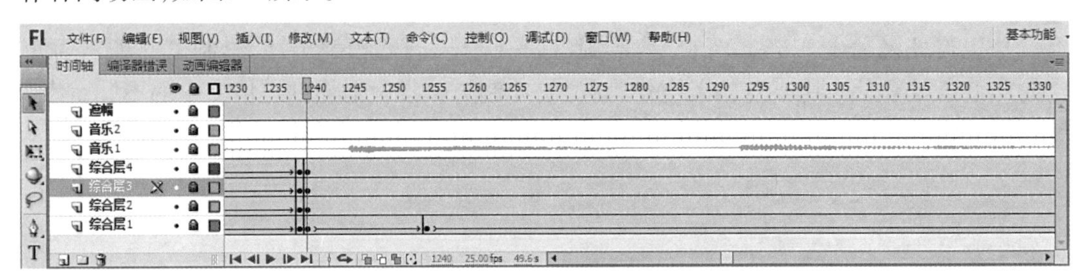


图3-3　帧设置

图3-4　背景淡入淡出的动作补间动画

4. 执行“插入→新建元件”命令，在“创建新元件”对话框中设置类型为“影片剪辑”，名称为“五朵云飘浮”，如图3-5所示。

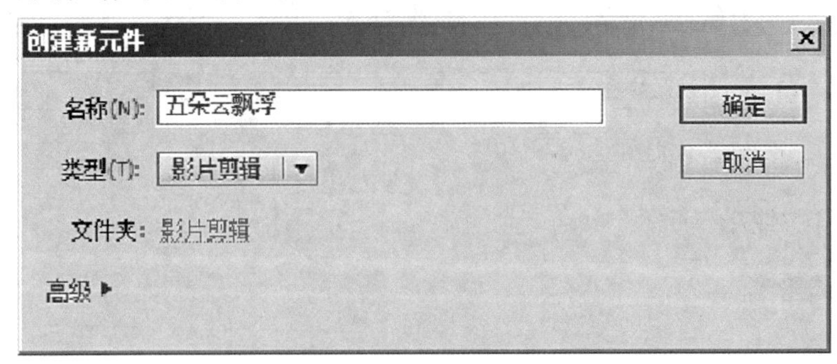


图3-5　创建新元件“五朵云飘浮”

5. 单击“确定”按钮，进入编辑界面，在图层1的第1帧下，选择库面板中的“云01”元件，拖至舞台中，在第130帧结束完成白云淡入、慢慢往左移动、最后淡出的动作补间动画。同理，在图层1之上新建4个图层，多次将“云01”元件依次拖入到不同图层中，利用任意变形工具修改实例大小，同样帧数实现同样的动作补间动画，如图3-6、图3-7所示。

图3-6 白云位置

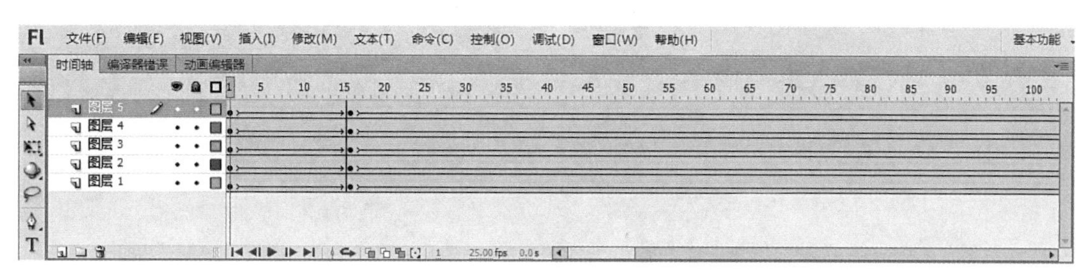


图3-7 创建动作补间动画

6. 单击库面板的左下角，新建文件夹，命名为“彩虹”。然后执行“插入→新建元件”命令，在“创建新元件”对话框中设置类型为“图形”，名称为“彩虹紫”，单击“确定”按钮，如图3-8所示。

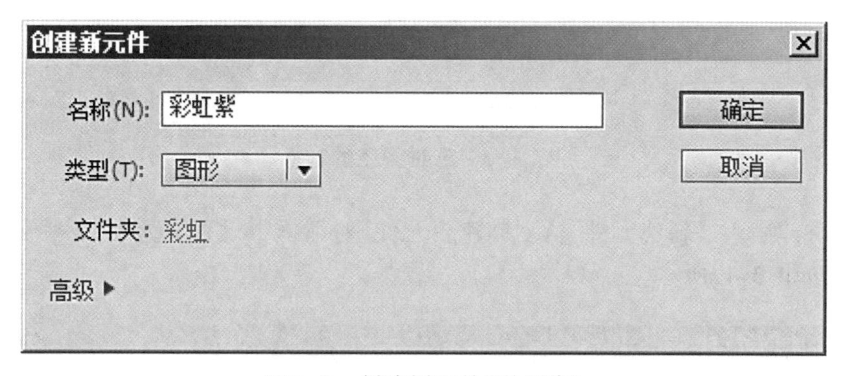


图3-8 创建新元件“彩虹紫”

7. 利用矩形工具绘制一个细长的紫色(#B094C9)矩形，再用选择工具修改图形为弧形，如图3-9所示。

图3-9 紫色彩虹

8. 同理，新建图形元件，将刚刚绘制的“彩虹紫”图形复制至新的元件编辑界面中，选中并修改其填充颜色为蓝色(#9FB1D0)，如图3-10所示。

图3-10 蓝色彩虹

9. 依次绘制浅棕(#CB9292)、浅绿(#9FB1D0)、浅蓝(#663399)、浅黄(#D5CE88)、浅褐(#CDB08F)五种颜色的彩虹，并根据颜色命名，如图3-11所示。

图3-11 五种颜色的彩虹

10. 执行“插入→新建元件”，在“创建新元件”对话框中设置类型为“影片剪辑”，名称为“彩虹”，如图3-12所示。

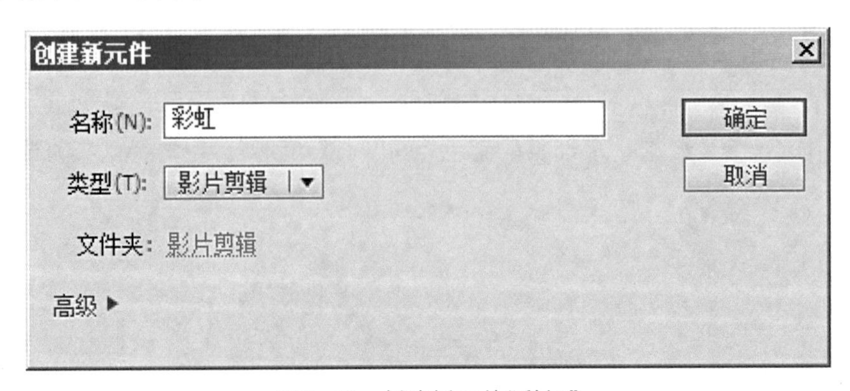


图3-12 创建新元件“彩虹”

11. 单击“确定”按钮，进入元件编辑界面，插入6个新图层，点击图层1的第1帧，将库中的“彩虹紫”元件拖入舞台中，到第130帧结束完成彩虹淡入并慢慢向上移动、最后淡出的动作补间动画，如图3–13所示。

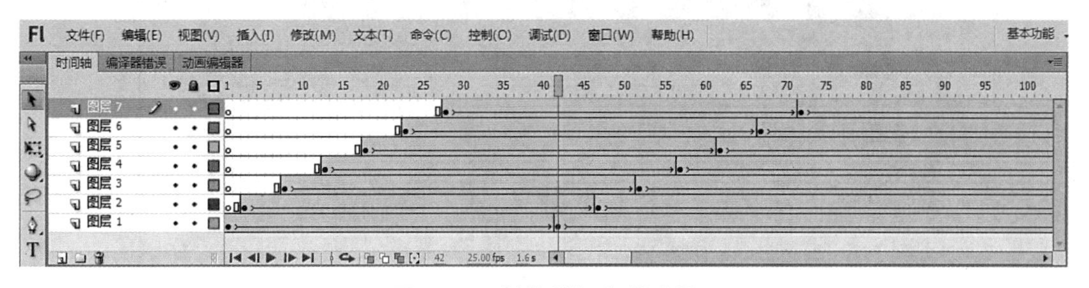

图3–13 制作彩虹出现动画

12. 同理，依次在其他6个图层中，拖入不同颜色的彩虹元件，到第130帧实现淡入淡出效果，并按照层次关系分别将帧数往后移动，舞台效果如图3–14所示。

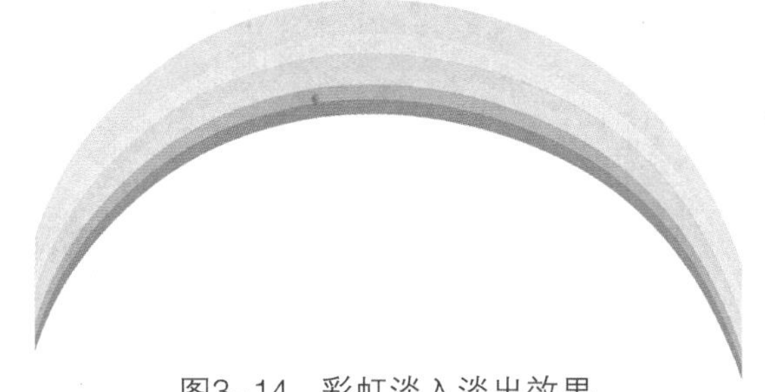

图3–14 彩虹淡入淡出效果

13. 最后单击图层1中的第130帧处，鼠标右键选择“动作”命令，在编辑界面输入“Stop()”命令，如图3–15所示。

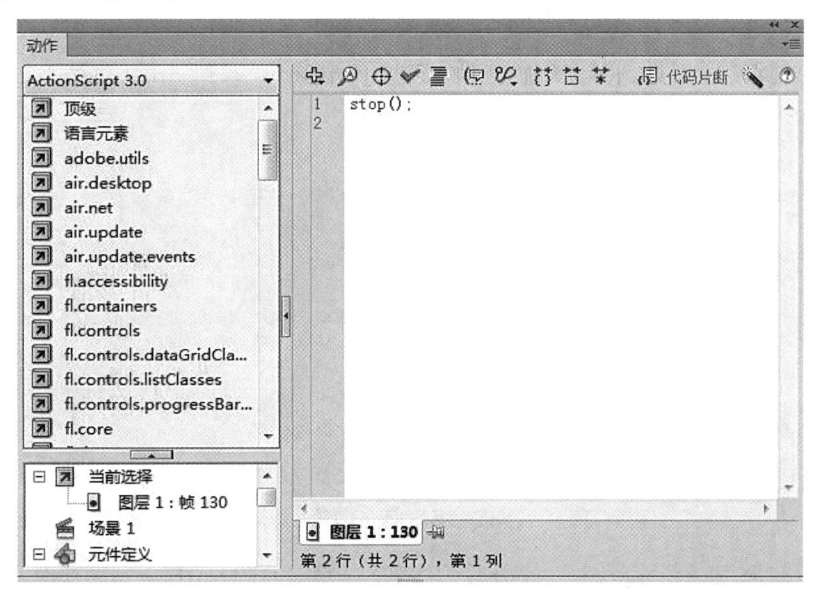

图3–15 输入命令

14. 新建名为“五官”的文件夹，然后执行菜单栏中的“插入→新建元件”，选择“图形”类型，设置元件名称为“脖子”，单击“确定”按钮，进入元件编辑界面，如图3-16所示。

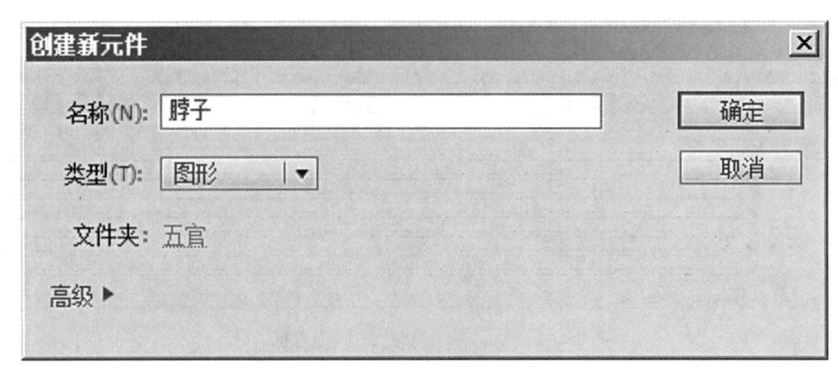


图3-16　新建脖子元件

15. 选择右侧工具箱中的钢笔工具，将属性面板中的笔触设为“1.0”，笔触颜色设为灰色(#959595)，笔触样式设为“极细线”，其他保持默认值不变，然后在舞台中绘制脖子的形状，如图3-17所示。

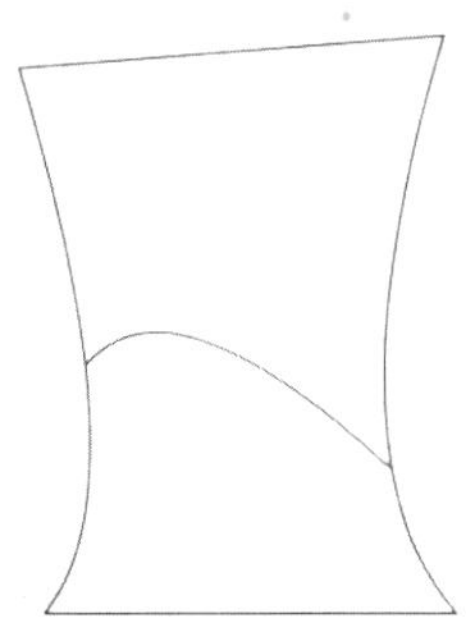

图3-17　脖子图形

16. 选择颜料桶工具，将脖子上半部分填充为深灰色(#CBC3B5)，下半部分填充为浅灰色(#E3DACA)，如图3-18所示。

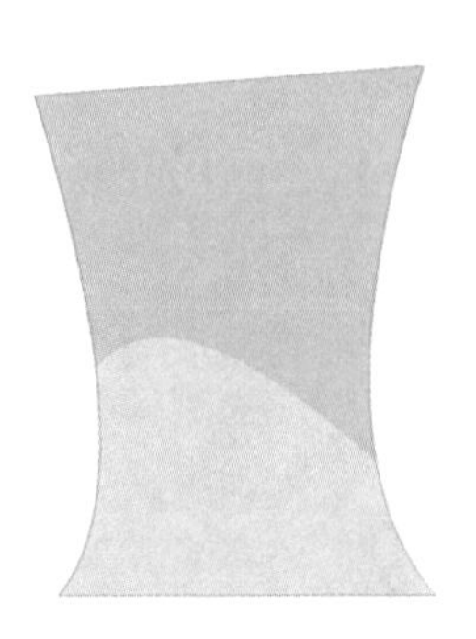

图3-18　填充颜色

17. 执行“插入→新建元件”，将图形元件名称命名为“脸型01”，点击“确定”按钮，进入元件编辑界面，使用钢笔工具绘制出脸部轮廓，如图3-19所示。

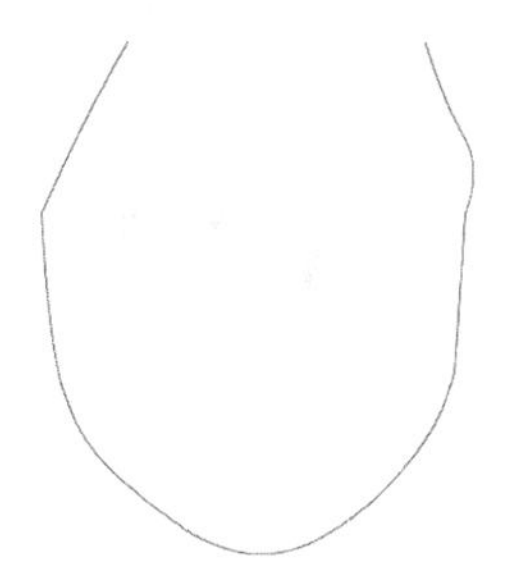

图3-19 脸型

18. 选择钢笔工具，绘制出耳朵图形，如图3-20所示。

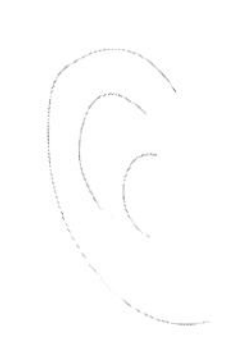

图3-20 耳朵

19. 使用快捷键“Ctrl+C”和“Ctrl+V”命令，复制一个耳朵图形，选中其中一个图形，执行“修改→变形→水平翻转”，使用选择工具分别将两只耳朵移动至脸部两侧位置，如图3-21所示。

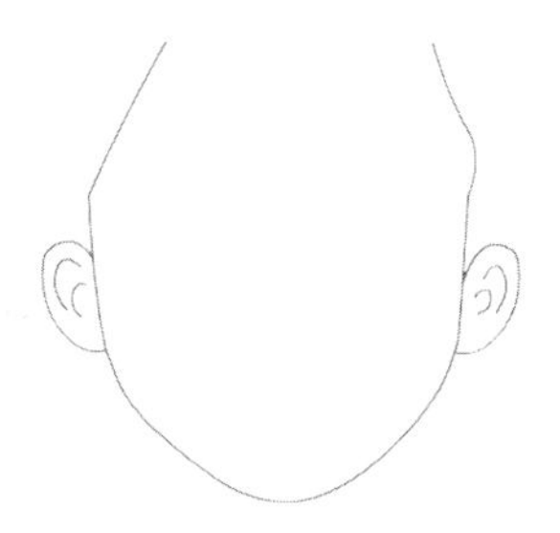

图3-21 脸部

20. 选择“颜料桶工具”，在属性面板中将“填充颜色”设置为灰色(#E3DACA)，如图3-22所示。

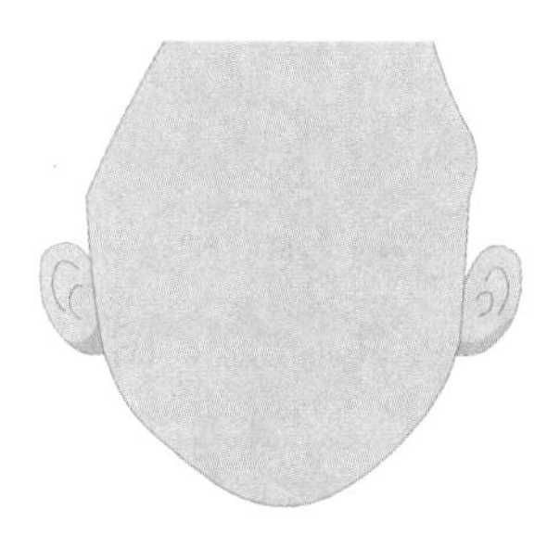

图3-22 填充颜色

21. 选择钢笔工具，在耳朵上勾勒曲线，并填充颜色为深灰色(#CBC3B5)，最后删除勾勒的曲线，如图3-23所示。

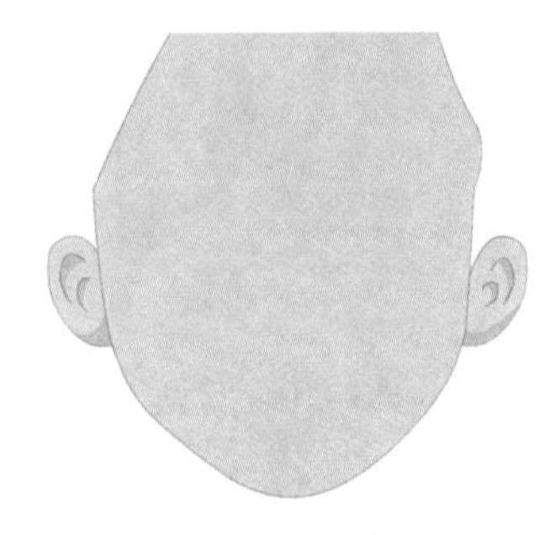

图3-23　脸

22. 新建名称为“眉毛”图形元件，使用钢笔工具勾勒眉毛形状，选择颜料桶工具填充眉毛颜色(#CBC3B5)，绘制出眉毛图形，如图3-24所示。

图3-24　眉毛

23. 新建两个名称为“闭眼左”和“闭眼右”的图形元件，使用钢笔工具绘制眼睛轮廓，再使用颜料桶工具填充眼睛颜色(#474532)，如图3-25所示。

图3-25　闭眼

24. 返回场景界面，新建图形元件，命名为“皱纹”，点击“确定”按钮，使用铅笔工具，绘制纹路，如图3-26所示。

图3-26　皱纹

25. 腮红绘制，执行“插入→新建元件”，选择“图形”类型，命名为“红脸蛋”，然后选择椭圆工具，在“颜色”面板中将“笔触颜色”设置为“无”，设置填充颜色类型为“径向渐变”，将第一个颜色调整块设置为“#FF9191”，“Alpha值”设为“38%”，第二个颜色调整块设置为“#FFFFFF”，“Alpha值”设为“0%”，如图3-27所示。

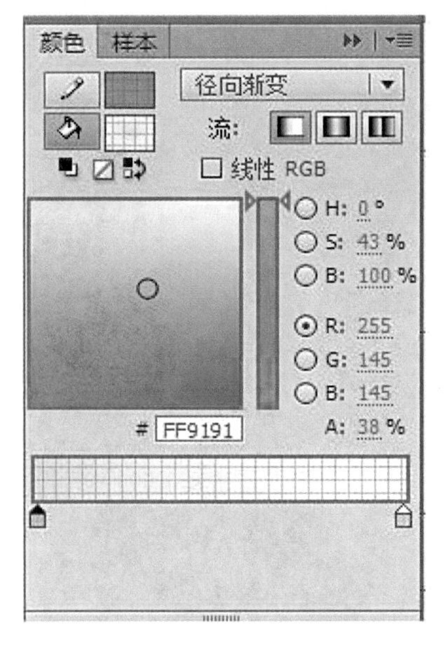


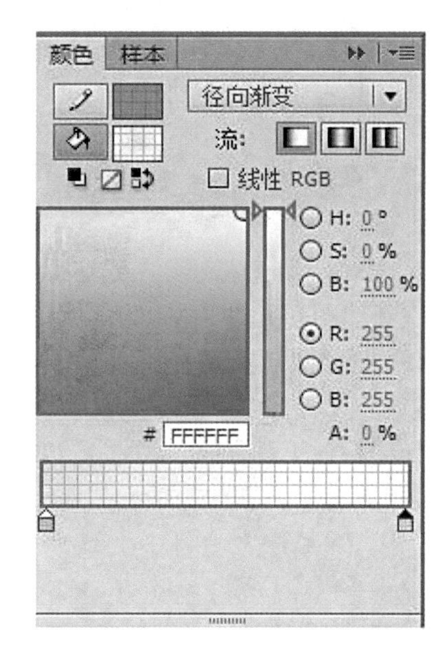


图3-27　颜色设置

26. 最后在元件编辑界面中绘制两个大小一致的椭圆形，如图3-28所示。

图3-28　腮红

27. 新建一个名称为“鼻子”的图形元件，利用钢笔工具和颜料桶工具绘制鼻子图形，如图3-29所示。

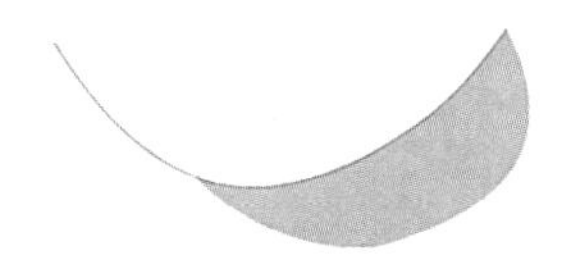

图3-29　鼻子

28. 新建一个“鼻子高光”的图形元件，利用刷子工具绘制一个颜色为银灰色(#F4F2F0)的图形，如图3-30所示。

图3-30　鼻子高光

29. 同理，新建名称为“嘴”和“嘴角线”的两个图形元件，分别在各自的编辑界面中绘制出嘴的不同图形，如图3-31所示。

图3-31　嘴巴、嘴角线

30. 再次新建图形元件，命名为“头发外”。选择钢笔工具，在“属性”面板中将笔触大小设置为“1.0”，样式为“极细线”，笔触颜色为“#838383”，绘制出头发形状，如图3-32所示。

31. 选择颜料桶工具，颜色设置为“#9C9487”，填充头发，结果如图3-33所示。

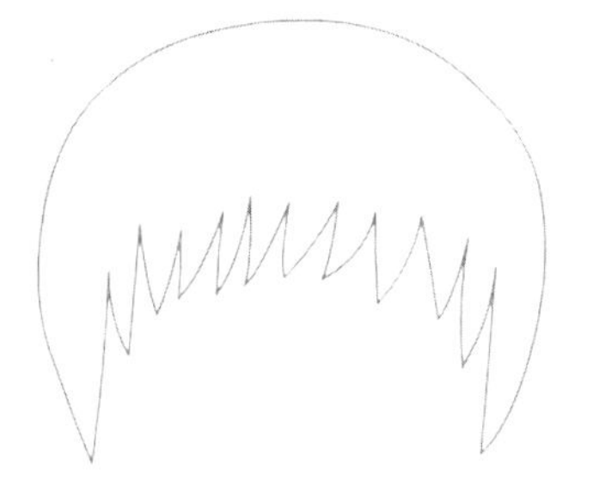

图3-32　头发图形

图3-33　填充颜色

32. 同理，绘制出另外两个“头发内”和“头发中”的图形，填充颜色分别设置为“#ACACAC”和“#BFB5A2”，效果如图3-34所示。

图3-34　头发内、头发中

33. 新建一个名为“人物”的影片剪辑元件，进入编辑界面后，在“图层1”的第1帧处，将五官文件夹中相对应的元件拖入舞台，并调整位置，如图3-35所示。

图3-35　人物

34. 选中舞台中所有实例，通过“Ctrl+G”键将其组合，到130帧结束完成对象淡入，并向下移动，最后淡出的动作补间动画，如图3–36所示。

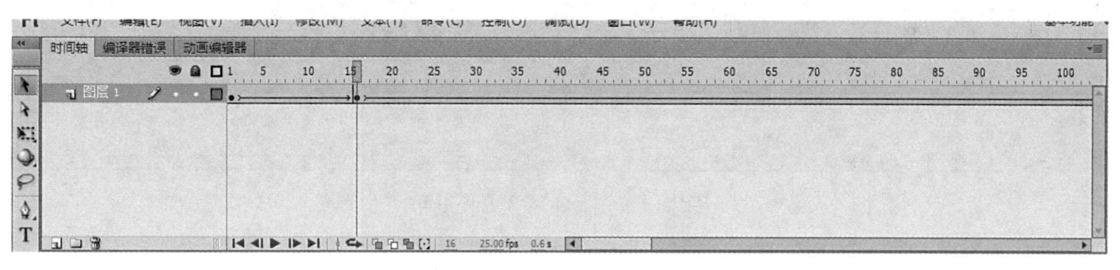


图3–36　制作补间动画

35. 新建图层，在“图层2”的第1帧处，拖入“眉毛”元件至舞台适当位置，其效果如图3–37所示。

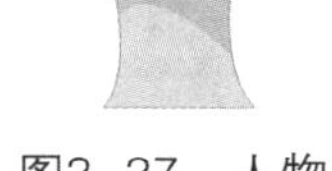

图3–37　人物

36. 第15帧完成眉毛淡入的效果，到第75帧保持眉毛状态不变，到第115帧完成眉毛向下移动的效果，最后到第130帧结束完成淡出的动作补间动画，如图3–38所示。

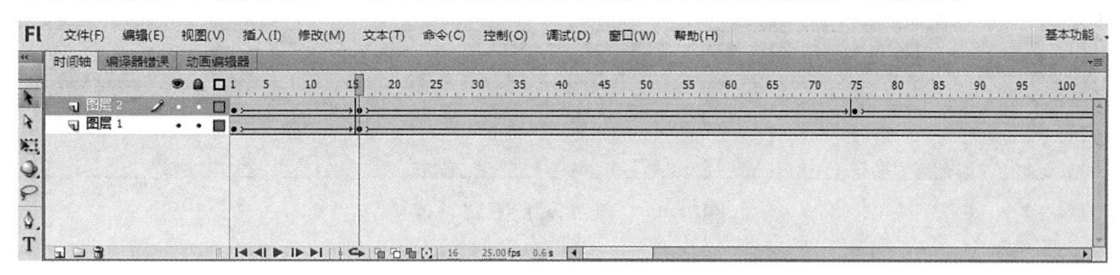


图3–38　制作眉毛补间动画

37. 在图层2之上新建图层，点击该图层中的第20帧插入关键帧，将库中的“嘴角线”元件拖入舞台中，其效果如图3–39所示。到第75帧结束完成嘴向下移动的效果，最后在第76帧处插入空白关键帧，如图3–40所示。

图3–39　闭嘴人物

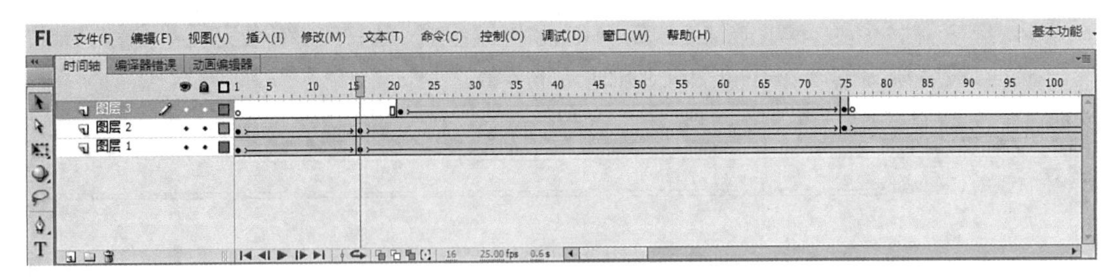


图3-40　制作嘴补间动画

38. 新建“图层4”，点击图层的第1帧，将库中的“嘴”元件拖入舞台适当位置，如图3-41所示，到20帧结束完成嘴淡入并微微向下移动的效果，如图3-42所示。

图3-41　张嘴人物

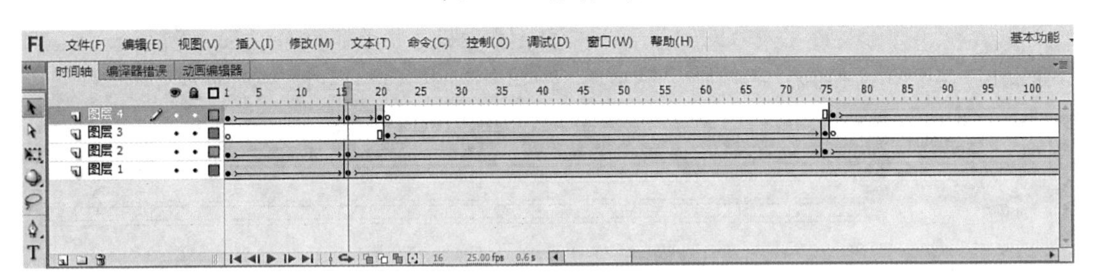


图3-42　制作嘴角下移补间

39. 单击第75帧，插入关键帧，利用任意变形工具，略调小实例的高度，到第115帧插入关键帧，将实例高度调回原值，实现嘴张大的效果，最后到第130帧结束完成嘴淡出的动作补间动画，如图3-43所示。

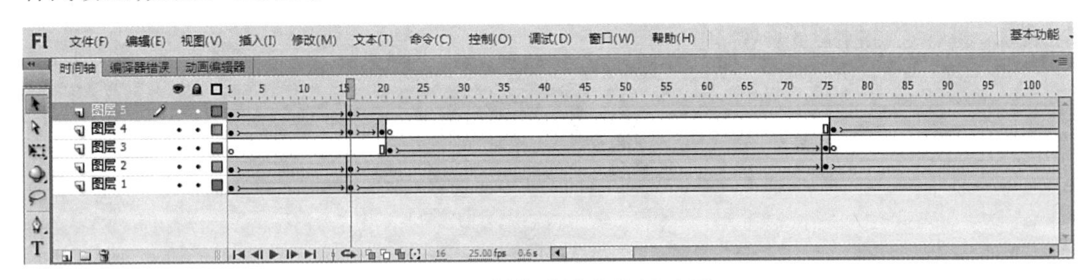


图3-43　制作嘴淡出补间动画

40. 新建图层，命名为“图层5”，选中第1帧，将“库”面板中的“头发中”和“头发外”元件拖入到舞台中，如图3-44所示。

图3-44　人物

41. 到第130帧结束完成实例淡入，并慢慢向下移动，最后淡出的动作补间动画，如图3-45所示。

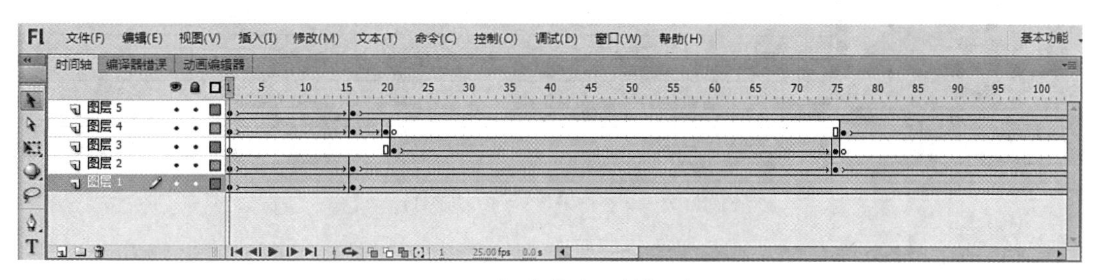


图3-45　完成嘴淡入补间动画

42. 执行“插入→新建元件”命令，在“创建新元件”对话框中设置类型为“影片剪辑”，名称为“种子旋转”，如图3-46所示。

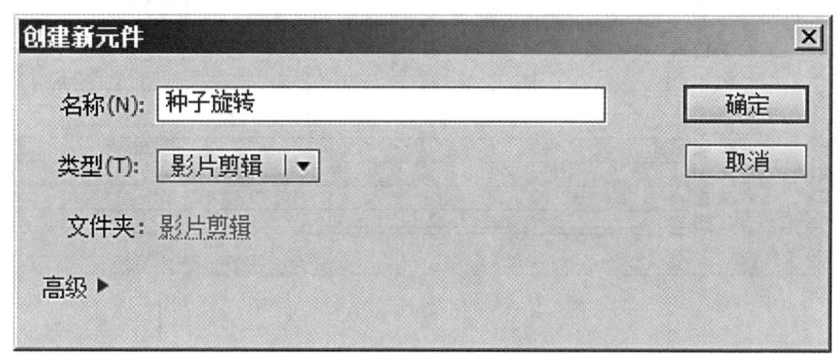


图3-46　创建新元件“种子旋转”

43. 单击“确定”按钮，进入编辑界面，选择库中的“种子淡入淡出”元件拖入舞台中，到第130帧结束完成种子逆时针旋转5圈的动作补间动画，如图3-47所示。

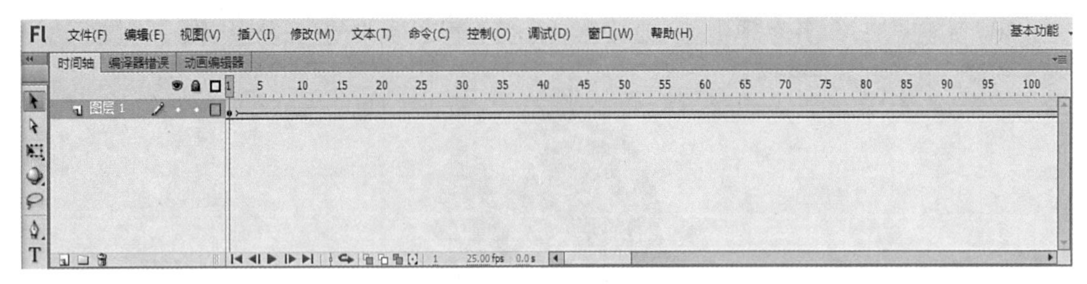


图3-47　补间动画帧设置

44. 返回场景中，在“综合层2”图层的第1239帧插入空白关键帧，将“五朵云漂浮”和“彩虹”影片剪辑元件拖入舞台适当位置，到1369帧处插入延长帧，同样在“综合层3”和“综合层4”的第1239帧中分别拖入“人物”和“种子旋转”元件，如图3-48所示。

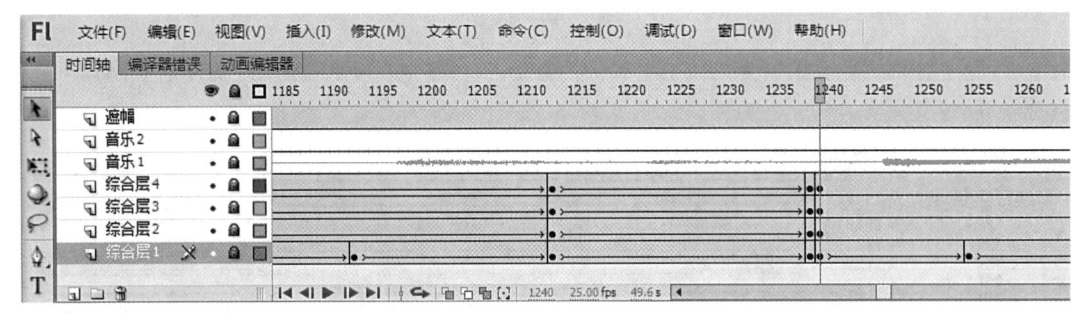


图3-48　插入影片剪辑元件

45. 单击“综合层1”图层的第1370帧，插入空白关键帧，将“库”面板中的“嫩芽背景”图形元件拖入到舞台中，调整大小，到第1438帧结束完成背景淡入淡出的效果，如图3-49所示。

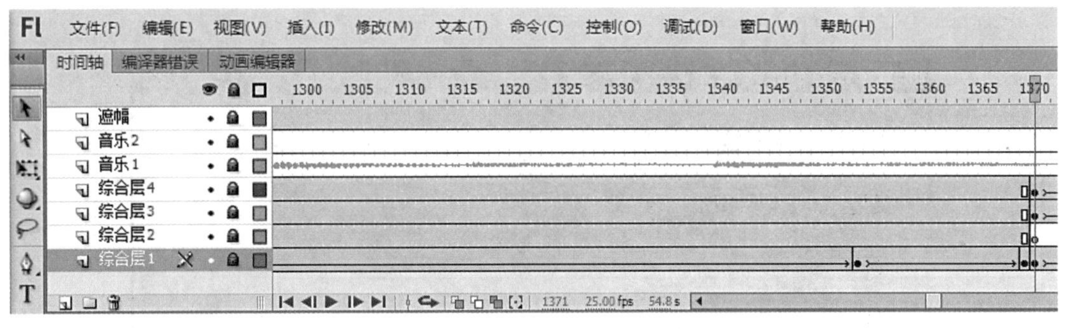


图3-49　制作淡入淡出补间效果

## 任务小结

通过对人物面部表情特征的动态制作过程，使学生熟练掌握钢笔工具、渐变工具、选择工具等的综合运用，并能使用补间动画制作画面动态效果。

# 分镜14 梦想发芽

## 任务引入

通过对人物面部表情特征的动态制作过程，熟练掌握钢笔工具、渐变工具、选择工具等的综合运用，并使用补间动画制作画面动态效果。同时，通过七色彩虹的绘制，掌握景物的特征，熟悉颜色面板的应用，来完成特殊颜色的设置，为以后的动画绘制增加色彩感。

## 任务分析

本任务强调的是工具的使用以及对生物运动规律的了解，其中也涉及动画的综合制作能力，通过工具的应用绘制相应图形，再通过逐帧动画体现种子发芽长大的过程，同时把握场景的转换，使其过渡自然。

## 任务实施

1. 单击“综合层1”图层的第1370帧，插入空白关键帧，将库面板中的“嫩芽背景”图形元件拖入到舞台中，调整大小，到第1438帧结束完成背景淡入淡出的效果，如图3-50所示。

图3-50 嫩芽背景

2. 在元件库中新建“土壤”文件夹，然后执行“插入→新建元件”命令，选择“图形”类型，在名称框中输入“土壤01”，单击“确定”按钮进入编辑界面，选择工具箱中的钢笔工具绘制图形，如图3-51所示。

图3-51　土壤形状

3. 选择工具箱中的颜料桶工具，设置填充颜色为“#C5C1B4”，然后利用选择工具，选中图形边框，按下“Delete”键删除，如图3-52所示。

图3-52　土壤填充

4. 执行“插入→新建元件”命令，在“创建新文件”对话框中设置类型为“图形”，名称为“土壤02”，如图3-53所示。

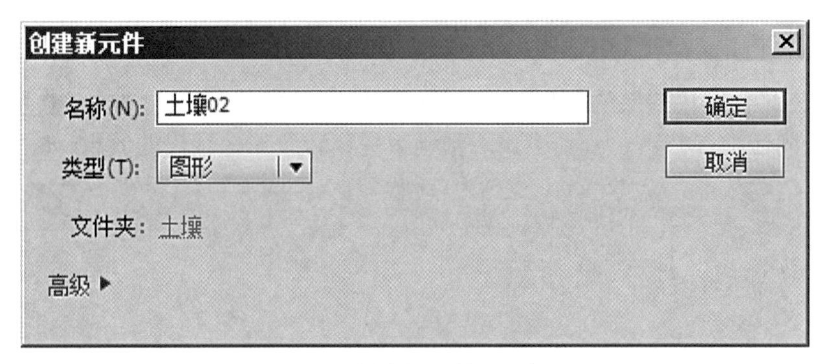


图3-53　创建新元件“土壤02”

5. 单击“确定”按钮，进入元件编辑界面，选择工具面板中的钢笔工具，设置笔触大小为“0.10”，样式为“极细线”，在舞台中绘制出土壤图形，如图3-54所示。

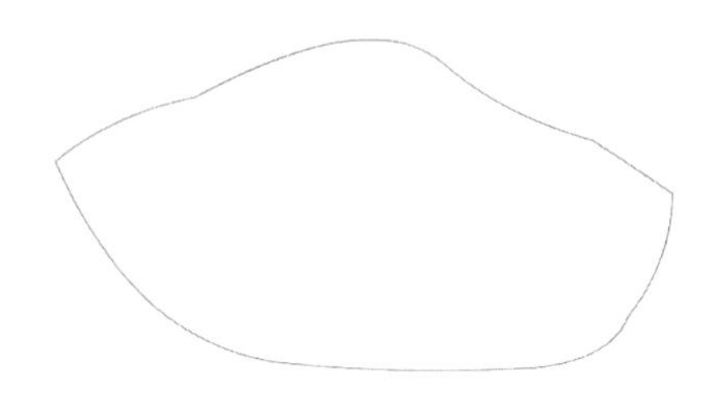

图3-54　绘制形状

6. 选择工具面板中的颜料桶工具，设置填充颜色为“#AF997E”，将上述图形填充颜色，如图3-55所示。

图3-55 填充颜色

7. 同理，依次绘制出其余土壤图形，其中用刷子工具绘制土壤颗粒，如图3-56所示。

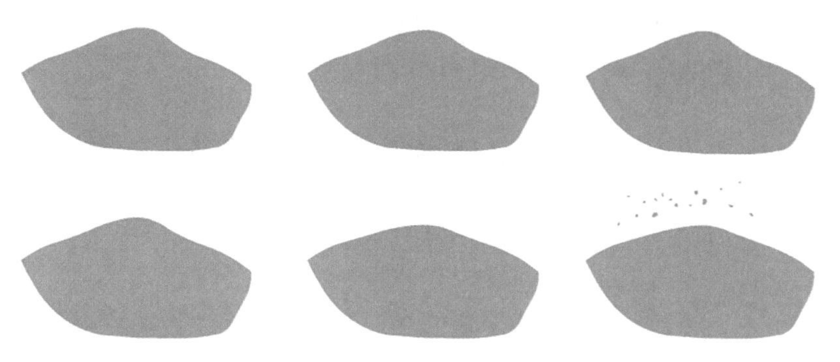

图3-56 所有土壤图形

8. 返回场景中，在元件库中新建“嫩芽”文件夹，然后执行“插入→新建元件”，在“创建新元件”对话框中设置类型为“图形”，名称为“嫩芽01”，如图3-57所示。

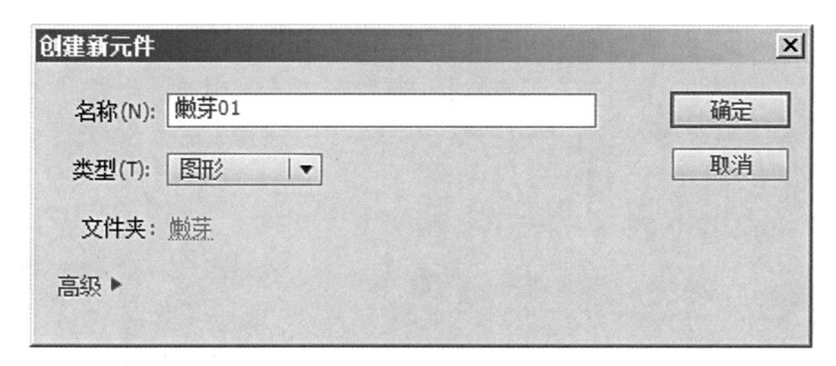


图3-57 创建新元件“嫩芽01”

9. 单击“确定”按钮，进入元件编辑界面，选择铅笔工具，在属性中设置笔触颜色为“#778ACF”，笔触大小为“1.0”，样式类型为“实线”，绘制种子芽的形状。再选择颜料桶工具填充叶子颜色，颜色同样为“#778ACF”，如图3-58所示。

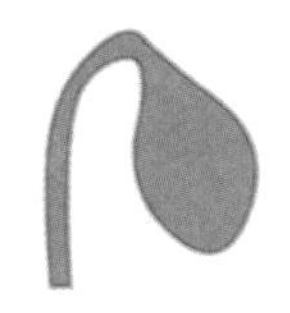

图3-58 嫩芽01

10. 新建元件，命名为“嫩芽02”，类型为“图形”，在编辑界面中，将上述绘制的“土壤02”元件拖入舞台，再绘制嫩芽，如图3-59所示。

图3-59　嫩芽02

11. 根据种子长大的规律，依次连续绘制出种子不同状态下的图形，并制作成元件，如图3-60所示。其中类似图形，可以通过复制，再稍作修改绘制。

图3-60　所有嫩芽图形

12. 返回到场景中，单击“综合层2”图层的第1370帧，插入空白关键帧，在第1387帧处插入关键帧，将“嫩芽03”元件拖入到该帧下的舞台中，如图3-61所示。

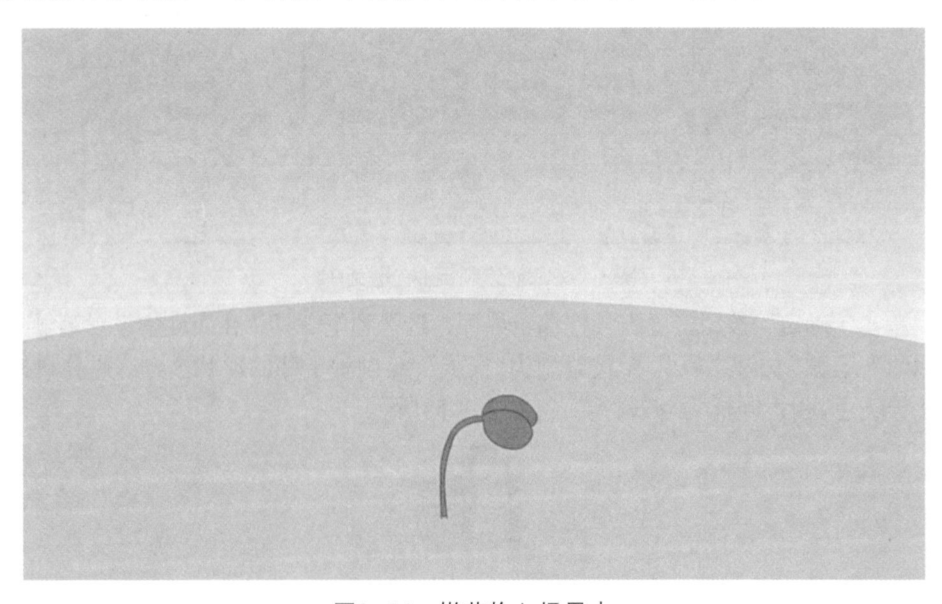

图3-61　嫩芽拖入场景中

13. 在同一图层的时间轴上，依次间隔两帧，将所有嫩芽元件逐帧插入，到第1415帧结束完成嫩芽慢慢长大的逐帧动画效果，接下去到第1438帧结束完成最后一个嫩芽实例变大并淡出的效果，如图3–62所示。

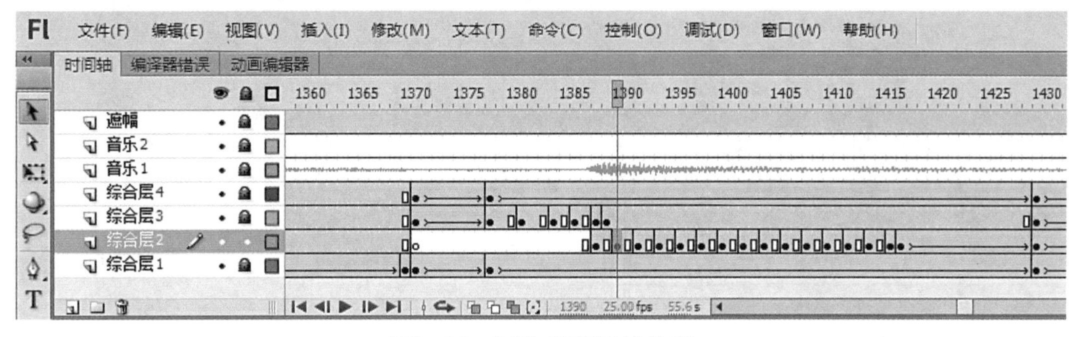


图3–62　制作嫩芽逐帧补间

14. 单击“综合层3”的第1370帧，插入空白关键帧，将“土壤02”元件拖入到场景中，到第1377帧结束完成土壤淡入的动作补间动画，如图3–63所示。

图3–63　土壤拖入场景中

15. 在同一时间轴上，依次逐帧将土壤元件拖入，其中第1385帧拖入“嫩芽02”元件，在第1387帧拖入“土壤08”元件，第1388帧拖入“土壤06”，从第1430到1438帧结束完成淡出的效果，如图3–64所示。

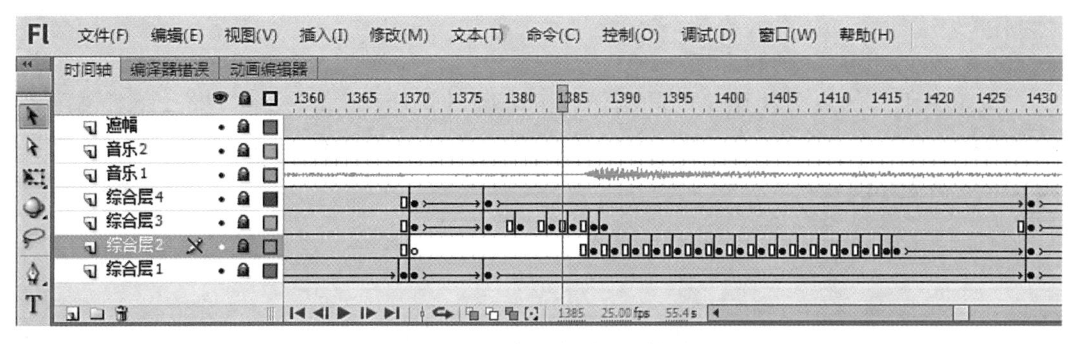


图3–64　土壤逐帧动画时间轴

16. 单击“综合层4”的第1370帧，插入空白关键帧，将“土壤01”图形元件拖入舞台适当位置，利用任意变形工具调整大小，如图3–65所示。到第1438帧结束完成淡入淡出的效果，如图3–66所示。

图3–65　完成土壤

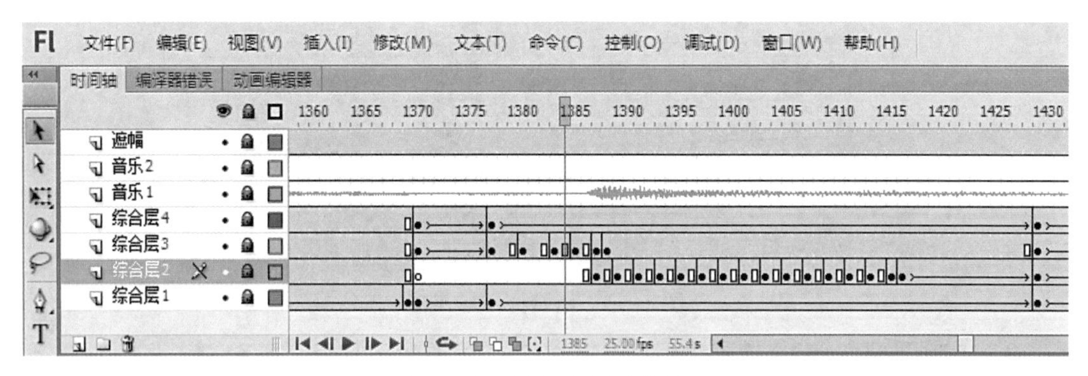


图3–66　淡入淡出时间轴

## 任务小结

Flash中工具的灵活使用是动画制作中的基础，通过它完成各种素材的绘制，清晰地呈现事物变化中的不同状态。通过本次任务，使学生进一步熟悉工具的使用，并掌握嫩芽长大的生物规律的表现。

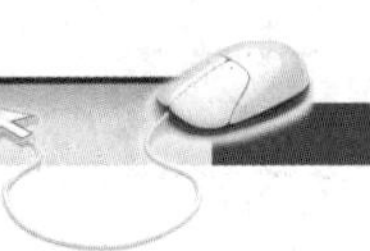

# 分镜15 花瓣飘过

## 任务引入

利用Flash中的工具完成各种各样花瓣的绘制，并结合相应的元件，通过逐帧动画实现花瓣的转动效果。目的是使学生进一步掌握元件在动画中的应用技巧，以及工具的灵活使用。

## 任务分析

逐帧动画是Flash动画中常用的一种动画方式，主要适合于每一帧中的动画对象都在变化的复杂动画。再通过与影片剪辑元件、图形元件的套层运用，制作出不同效果的动画，以便于举一反三地进行实践运用。

## 任务实施

1. 单击“综合层1”的第1439帧，插入空白关键帧，将库中的“浅蓝背景”拖入舞台，如图3-67所示。到第1529帧结束，完成背景淡入淡出的动作补间动画。

图3-67 浅蓝背景

2. 在“综合层2”的第1439帧插入空白关键帧，拖入“云05”元件，到第1529帧结束实现白云淡入，并慢慢往左边移动、最后淡出的效果，如图3-68所示。

图3-68　白云移动

3. 在元件库中新建“花瓣”文件夹，然后执行菜单栏中“插入→新建元件”命令，选择“图形”类型，命名为“花瓣01”，如图3-69所示。

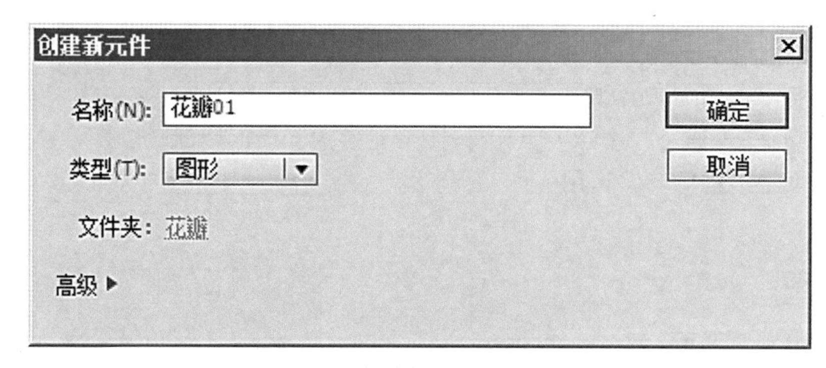


图3-69　创建新元件“花瓣01”

4. 单击“确定”按钮，进入编辑界面，选择工具中的钢笔工具绘制云朵形状，再用颜料桶工具填充颜色(#F1F6E8)，最后将边框线条删除，如图3-70所示。

图3-70　花瓣图形

5. 同理，绘制其他不同状态的花瓣图形，如图3-71所示。

图3-71　所有花瓣图形

6. 返回场景，执行“插入→新建元件”命令，类型为“影片剪辑”，在名称框中输入“花瓣”，如图3-72所示。

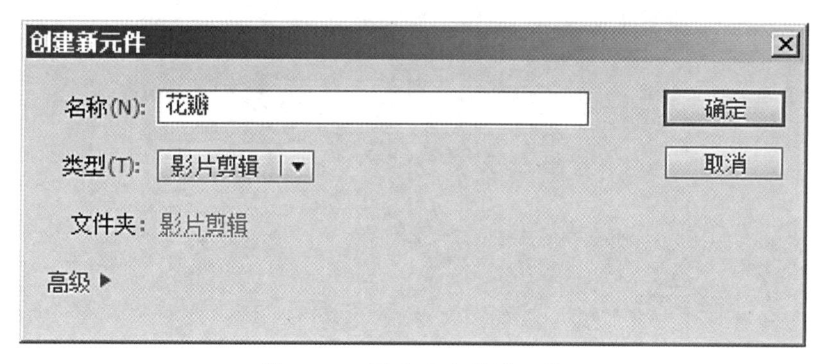


图3-72　新建动态花瓣元件

7. 单击“确定”按钮，进入编辑界面，在“图层1”的第1帧将“花瓣01”图形元件拖入到舞台中，按下“Ctrl+K”组合键打开“对齐”面板，使得实例居于舞台中心位置，如图3-73所示。

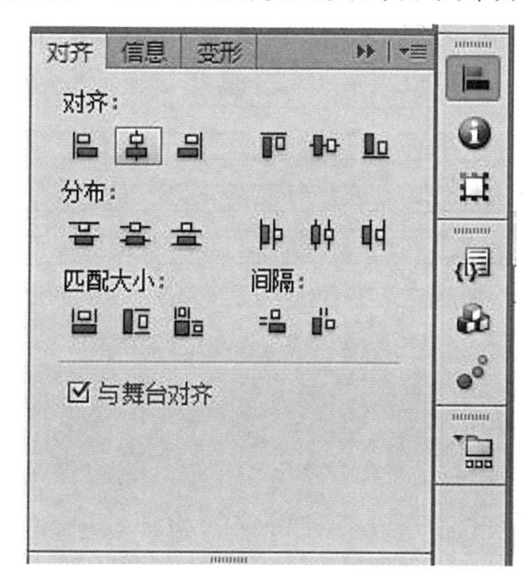


图3-73　对齐设置

8. 依次插入空白关键帧，选中上述绘制的花瓣图形元件，按照顺序分别拖入到不同帧中，制作会转动的花瓣动画，如图3-74所示。

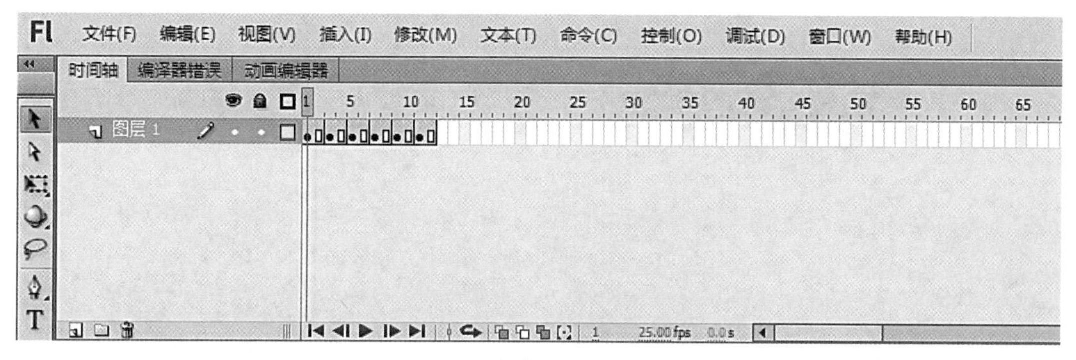


图3-74　制作花瓣逐帧动画

9. 返回场景，单击“综合层3”的第1439帧，将“花瓣”元件拖入到舞台中，如图3–75所示。

图3–75　花瓣拖入舞台中

10. 到第1489帧结束完成花瓣淡入淡出的动作补间动画，并在第1490帧处插入空白关键帧，如图3–76所示。

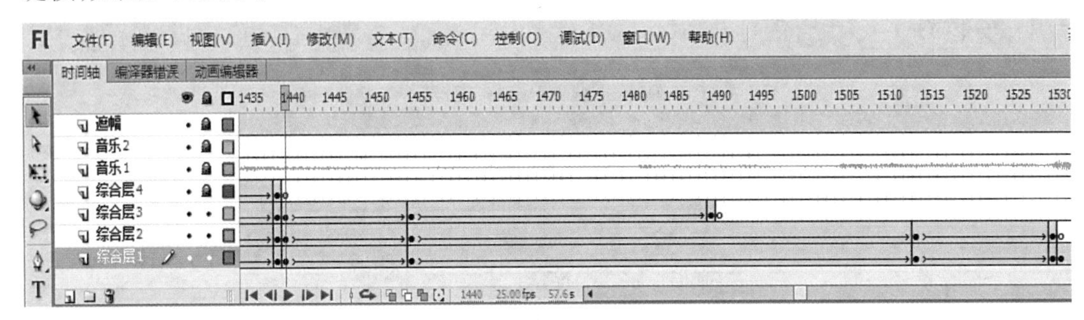


图3–76　淡入淡出时间轴

## 任务小结

动画制作中需要结合元件来完成多种特殊的动画效果，而对于图形元件的运用最为普遍，本次任务中将图形与影片剪辑做了一个完美的结合，让学生充分了解元件的应用技巧，并掌握淡入淡出效果的补间动画制作。

# 分镜16　漫 天 花 海

## 任务引入

本任务主要通过应用给出的图片素材，结合学过的工具、各类面板和元件，综合制作出动画中所需要的白云图形、花丛素材，最后通过补间动画制作出白云在天空中慢慢飘动的动画效果。

## 任务分析

在动画制作中，对于外部图片素材的使用是必需的，学会结合Flash 中的相应功能将素材更好地应用于动画中，为将来在动画中实现更加真实的视觉效果做铺垫，并且使学生明白在对象的移动动画中，需要通过补间动画，结合元件来实现。

## 任务实施

1. 执行“插入→新建元件”命令，在“创建新元件”对话框中设置类型为“图形”，名称为“云05”，如图3-77所示。

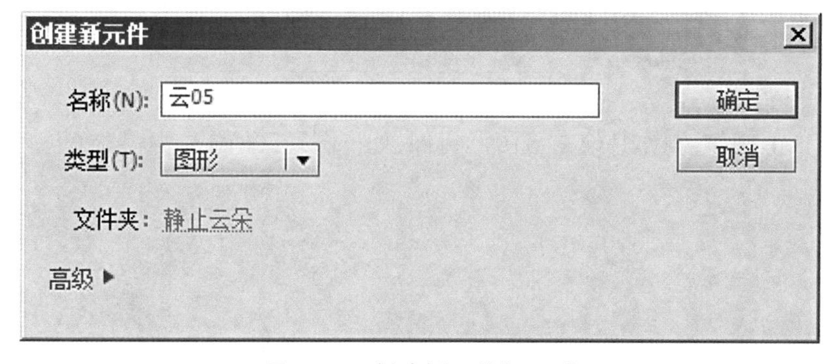


图3-77 创建新元件“云05”

2. 单击“确定”按钮，进入编辑界面，找到库中的图片素材“云05.jpg”，将其拖入到舞台中，如图3-78所示。

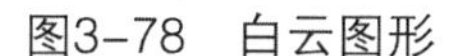

图3-78 白云图形

3. 然后选中实例,鼠标右键选择“分离”命令,将其打散成形状,如图3-79所示。

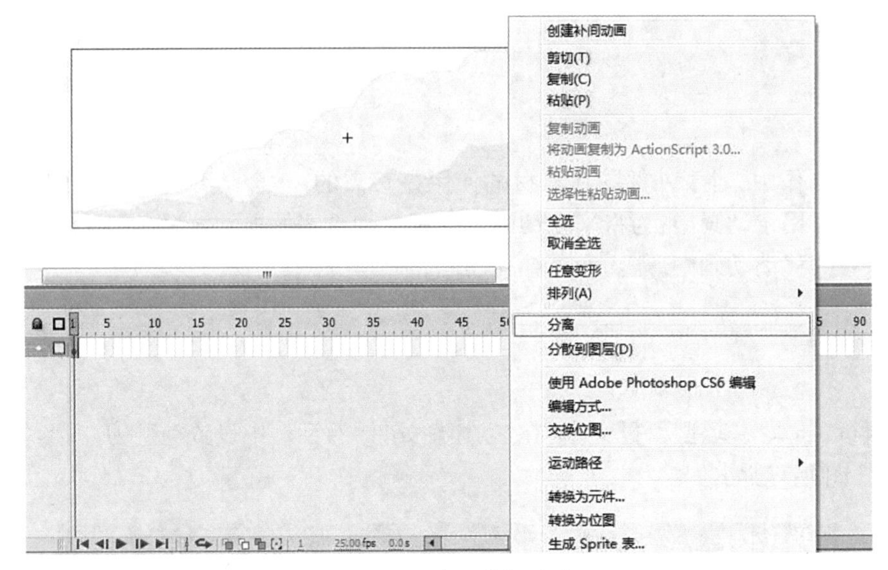


图3-79　对云进行分离

4. 重复以上操作,制作其他白云图形元件,如下图3-80所示。

图3-80　所有云图形

5. 新建元件,选择“影片剪辑”类型,命名为“蒲公英”,如图3-81所示。

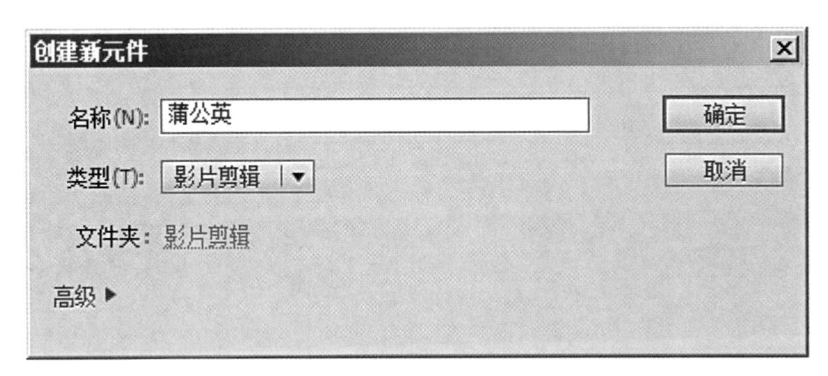


图3-81　创建新元件“蒲公英”

6. 单击“确定”按钮,进入编辑界面,在默认图层的第1帧,拖入“花海背景”元件,如图3-82所示,到第120帧结束完成背景淡入淡出的效果。

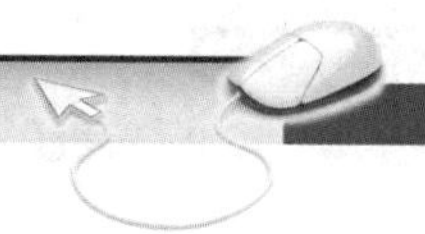

图3-82 花海背景

7. 新建图层，在“图层2”的第1帧，拖入“云05”元件至舞台适当位置，如图3-83所示。

图3-83 白云拖入舞台中

8. 到第120帧结束实现白云淡入，并慢慢往左边移动，最后淡出的动作补间动画，如图3-84所示。

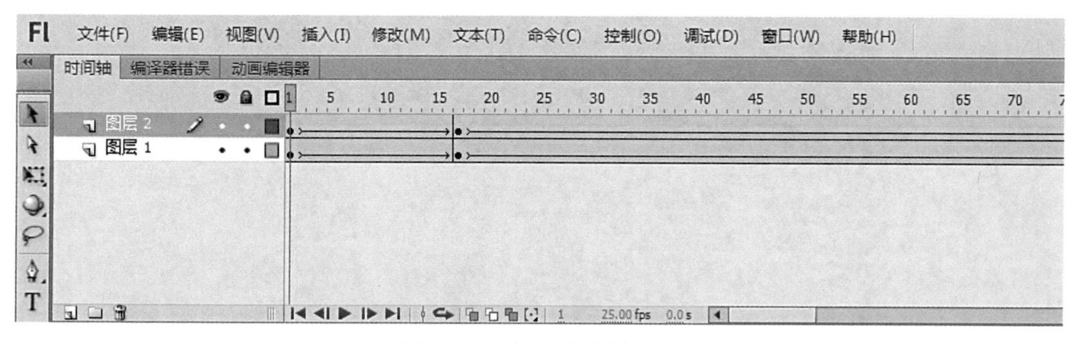


图3-84 白云移动帧设置

9. 同理，在“图层2”之上再次新建四个图层，依次将库中的“云06”“云07”“云08”“花束”拖入舞台适当位置，如图3-85所示。

图3-85　花海布局

10. 到第120帧结束，实现每个实例淡入，并慢慢移动，最后淡出的动画效果，如图3-86所示。

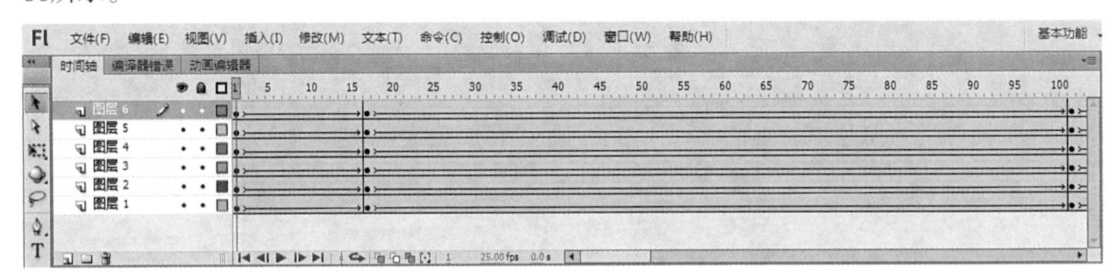


图3-86　花海淡入淡出的帧设置

11. 再次新建图层，在第1帧处拖入“花瓣”元件，到第80帧结束完成花瓣淡入，并移动消失的动作补间动画，在第81帧处插入空白关键帧，如图3-87、图3-88所示。

图3-87　场景效果

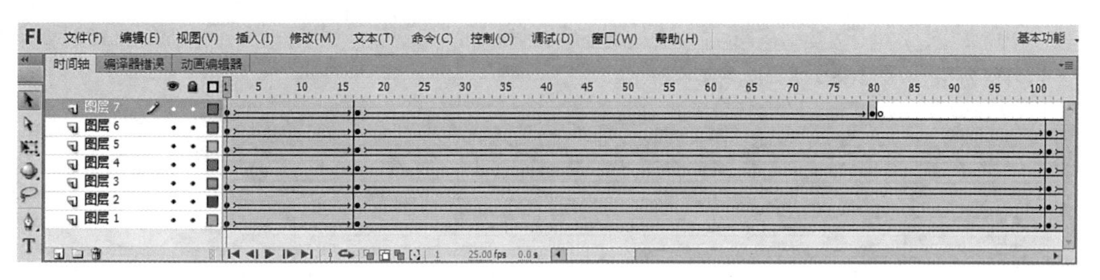


图3-88　插入空白关键帧

12. 同理，新建图层，在“图层8”的第6帧处插入空白关键帧，再次拖入“花瓣”元件，调整其实例大小，到第101帧结束实现淡入淡出的动画效果，如图3-89、图3-90所示。

图3-89　场景效果

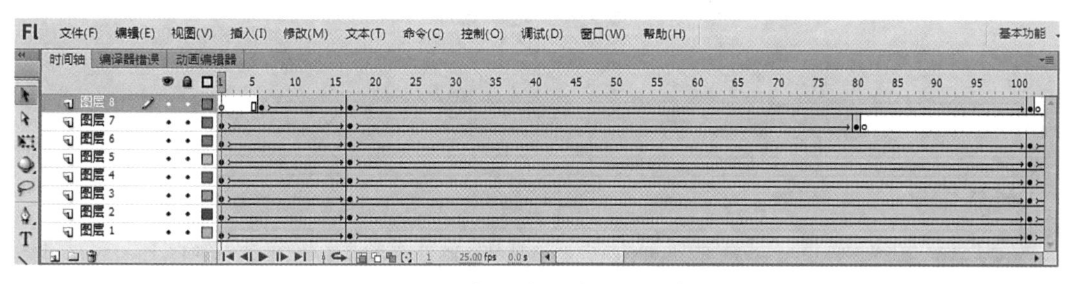


图3-90　实现淡入淡出动画效果

13. 最后新建“图层9”，在第28帧处插入空白关键帧，再次拖入“花瓣”元件，到第90帧结束完成花瓣的淡入淡出效果，如图3-91所示。

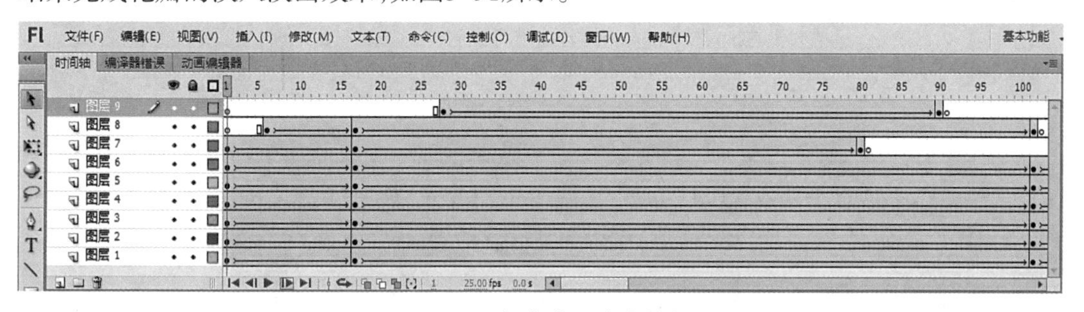


图3-91　完成淡入淡出补间

14. 返回场景中，单击“综合层1”的第1530帧，插入空白关键帧，将“蒲公英”元件拖入舞台中，延长到第1649帧，如图3-92所示。

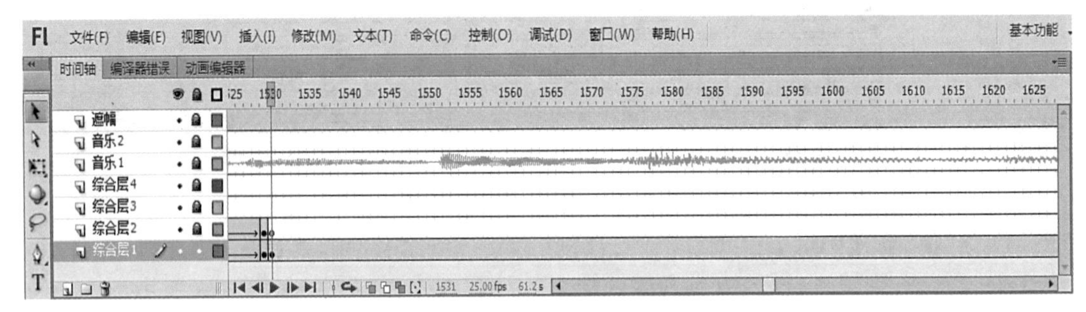

图3-92　蒲公英动画的帧设置

## 任务小结

通过本次任务，主要使学生掌握如何将外部图片素材应用于动画制作中所需要的素材内容，从而增强动画画面的真实感觉。在制作过程中，涉及一些元件的应用和处理，如将图片素材进行“分离”，完成一个矢量图形。

# 分镜17　播撒种子

## 任务引入

种子的撒落，激起红色海浪的翻滚。综合运用相应的Flash绘图工具制作本例中海浪图形效果，并通过逐帧动画实现海浪翻滚的奇景。在文字内容上，选择有特色的字体类型，利用文本工具制作出颜色不一的“天使撒下梦想的种子”文字内容，最后结合浪花变化制作出淡入淡出的补间动画效果。

## 任务分析

本实例是一个复杂的动画，主要是在红浪绘制的部分，二十几个不同图形的绘制，代表着浪花翻滚中的不同状态，这需要考验学生对生活中事物变化的注意力，从而通过Flash制作出视觉活泼、内容逼真、形式多样的完整动画。

## 任务实施

1. 同一图层的时间轴上，在第1650帧处插入空白关键帧，将库中的“绿色背景”元件拖入舞台中，如图3-93所示，并到第1745帧结束完成背景淡入淡出的效果。

图3-93 绿色背景

2. 在元件库中新建“鱼跃”文件夹，然后执行“插入→新建元件”命令，在“创建新元件”对话框中设置类型为“图形”，名称为“鱼跃01”，如图3-94所示。

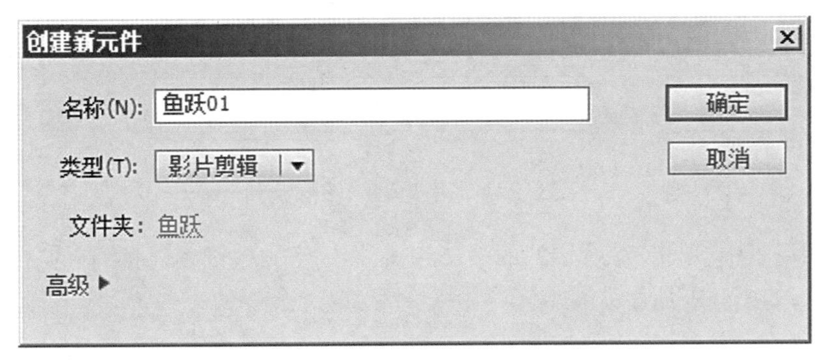


图3-94 创建新元件“鱼跃01”

3. 单击“确定”按钮，进入编辑界面，选择工具面板中的“钢笔工具”，设置笔触大小为“1.0”，样式为“实线”，笔触颜色为“红色”，绘制如图3-95所示图形。

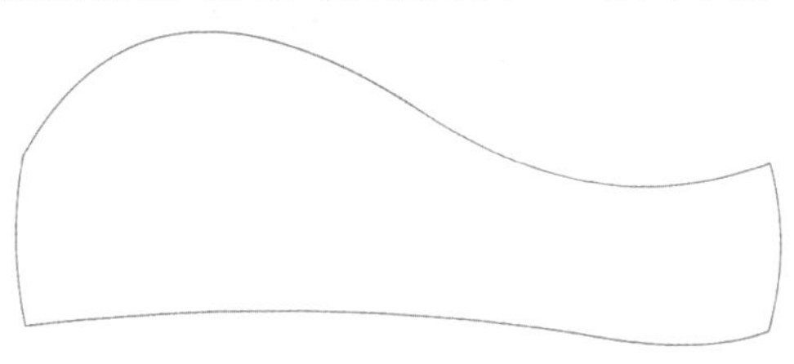

图3-95 绘制“鱼跃”形状

4. 选择工具面板中的颜料桶工具，填充颜色为“#CC4233”，将图形进行颜色填充，如图3-96所示。

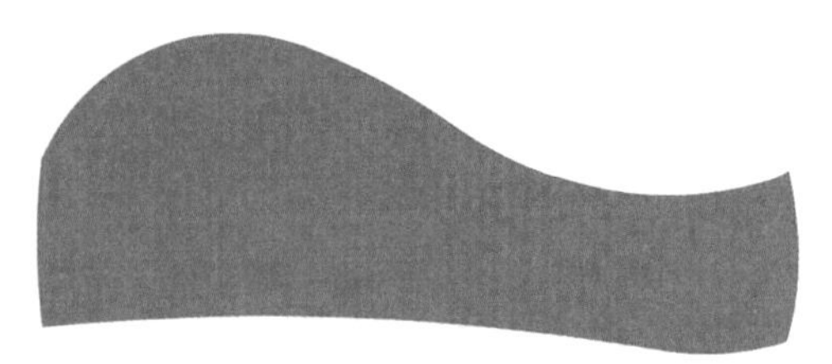

图3-96　填充“鱼跃”图形

5. 重复以上操作，绘制出图形元件，如图3-97所示。

图3-97　所有“鱼跃”图形绘制

6. 返回场景中，单击“综合层2”的第1650帧，插入空白关键帧，将绘制的“鱼跃01”元件拖曳到场景，如图3-98所示。

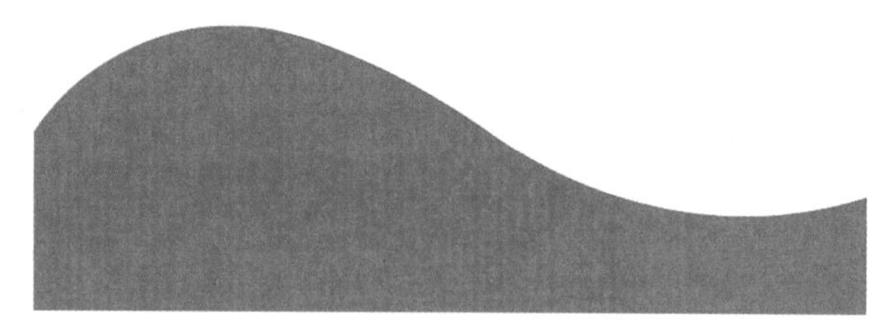

图3-98　将“鱼跃”拖入舞台中

7. 在同一图层的时间轴上，依次插入空白关键帧，将绘制的图形元件按照顺序拖曳到不同帧中，到第1710帧结束实现花海翻滚的动画效果，如图3-99所示。

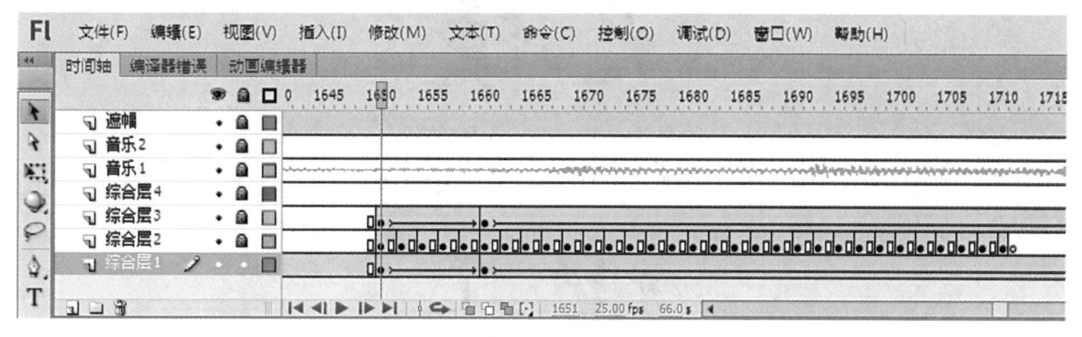


图3-99 “鱼跃”逐帧动画时间轴

8. 执行“插入→新建元件”命令，选择“图形”类型，命名“天使撒下梦想的种子”，如图3-100所示。

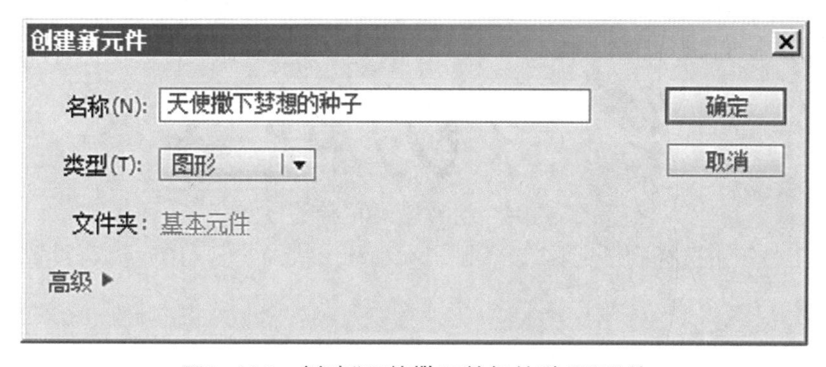


图3-100 新建“天使撒下梦想的种子”元件

9. 单击“确定”按钮，进入编辑界面，选择工具箱中的文本工具，设置系列为“方正字迹-童体毛笔字体”，大小为“25.0”，颜色为“#663300”，其他默认不变，如图3-101所示。

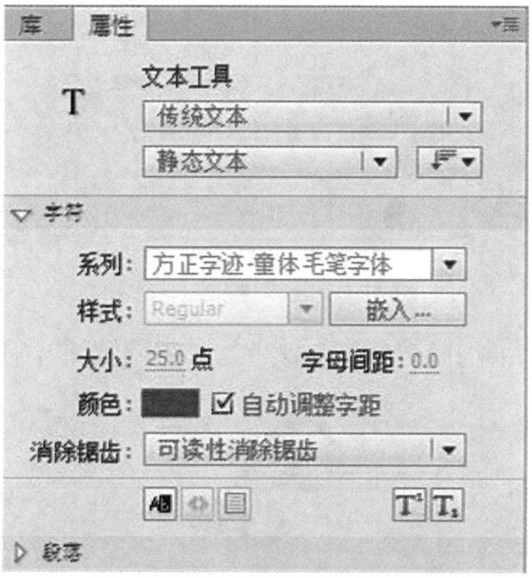

库 属性
文本工具
传统文本
静态文本
字符
系列: 方正字迹-童体毛笔字体
样式: Regular 嵌入...
大小: 25.0 点 字母间距: 0.0
颜色: ☑ 自动调整字距
消除锯齿: 可读性消除锯齿
段落

图3-101 设置文本工具属性

10. 在舞台中单击鼠标，输入文字“天使”，字体效果如图3-102所示。

图3-102　绘制天使文字

11. 同理，在元件中输入“撤下”，颜色设置为“#115128”，其他保持不变，如图3-103所示。

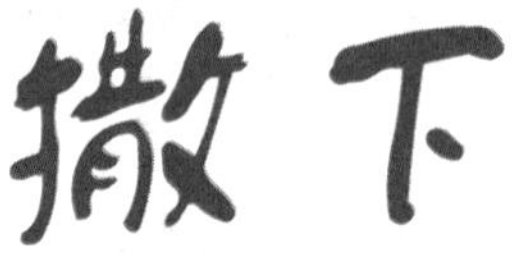

撤下

图3-103　绘制撤下文字

12. 再次输入文字“梦想的种子”，双击鼠标进入文字编辑状态，选中“梦想”两个文字，设置颜色为“#B80343”，选中“的”字，设置颜色为“#115128”；最后选中“种子”，设置颜色为“#003162”，效果如图3-104所示。

梦想的种子

图3-104　绘制“梦想的种子”文字

13. 从工具箱中选择刷子工具，设置刷子大小和形状，如图3-105所示，设置刷子颜色为“#663300”。

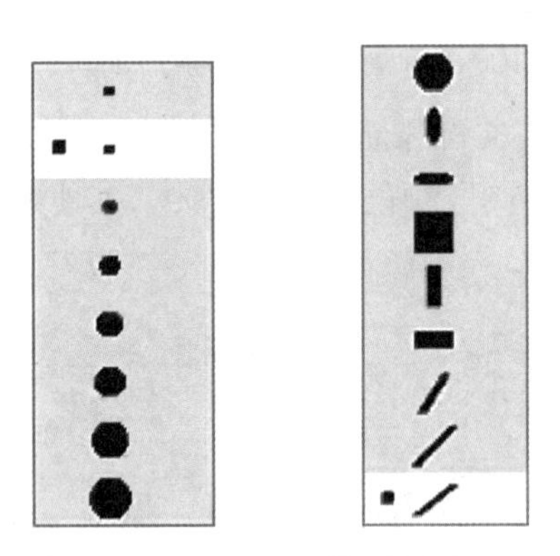

图3-105　设置笔刷样式

14. 在同一元件编辑界面中，按住鼠标左键，绘制翅膀的图形，如图3-106所示。

图3-106　右翅图形

15. 选择工具面板中的选择工具，全选翅膀图形，按下“Ctrl+V”组合键复制，鼠标单击空白处，按下“Ctrl+C”组合键粘贴，然后执行“修改→变形→水平翻转”，制作反向翅膀，如图3-107所示。

图3-107　左右翅膀图形

16. 调整文字和翅膀的位置，使其如图3-108所示。

天使 撒下
梦想的种子

图3-108　调整位置

17. 如图3-109所示，单击“综合层3”图层的第1650帧，插入空白关键帧，将“天使撒下梦想的种子”元件拖入到舞台中，到第1745帧结束完成文字淡入淡出的动作补间效果。

图3-109　文字淡入淡出效果的帧设置

## 任务小结

海浪的绘制诠释了本次任务的主要内容，通过本次任务使学生能够更加熟悉Flash中的绘图工具，加强综合动画制作能力，将逐帧动画与补间动画更好地结合起来。

# 分镜18 越 过 大 海

## 任务引入

本任务主要利用Flash中的绘图工具，将动画中所需要的闪动星星、星空、鱼以及海浪等素材绘制出来，再结合影片剪辑元件，利用透明度变化的补间动画完成星星一闪一闪的效果，鱼的游动效果则通过位置变化的补间动画来实现，最后海浪的翻滚通过多个图层的叠加，制作出多层不同颜色的海浪翻滚的补间动画。

## 任务分析

对象的移动是Flash动画中最为常见的效果，主要是需结合元件制作补间动画，从而使动画的视觉效果有一个连贯性。本任务强调了技能的综合应用能力，如在星空绘制中，学生可以巧妙地应用刷子工具快速完成，这就是对工具使用达到一定熟练度的应用。

## 任务实施

1. 切换场景，制作一个淡入淡出的过渡效果。

2. 新建图形元件，命名为“海面背景”，绘制一个与舞台大小一致的矩形覆盖住场景，并调整矩形的颜色为一个由深蓝(#44566A)到浅蓝(#4D796F)的渐变，如图3-110所示。

图3-110　背景效果

3. 在“综合层1”的第1747帧处插入新影片剪辑，创建新元件并命名为“游鱼”，如图3-111所示。进入影片剪辑，导入“海面背景”元件。

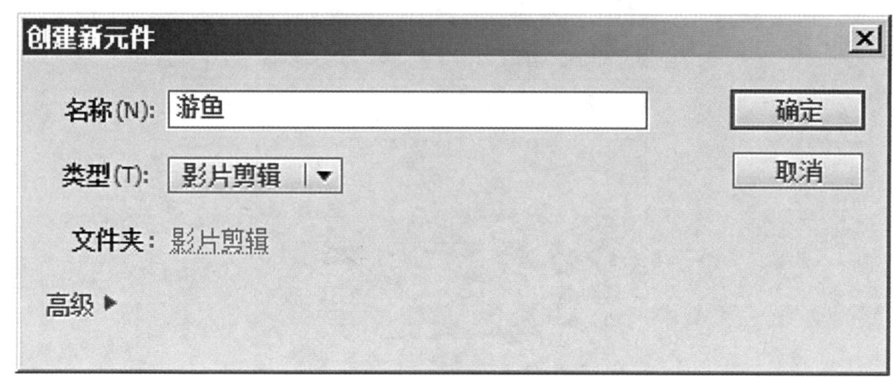


图3-111 创建新元件“游鱼”

4. 新建“图层2”，在“图层2”中新建影片剪辑“星星”，使用不同形状及颜色的刷子工具绘制星星，绘制完成后将所有的星星转换为“星空”图形元件，如图3-112所示。

图3-112 星空

5. 制作闪动的星光效果，影片剪辑星星的“图层1”中，分别在第15、20帧处插入关键帧，如图3-113所示。将第15帧处的“星空”元件色彩样式中的色调调黑，如图3-114所示。

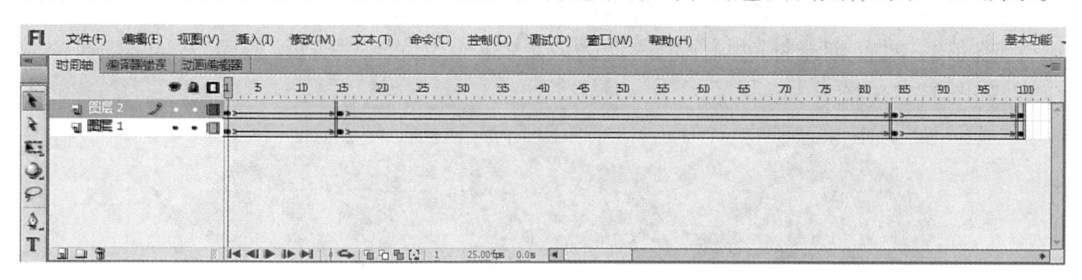

图3-113 设置色系样式补间

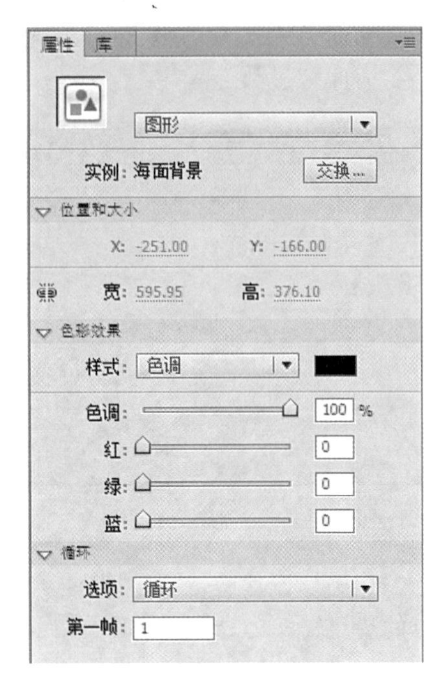


图3-114　属性设置

6. 返回影片剪辑“游鱼”，新建图形元件“鱼”，绘制一条鱼，绘制步骤如图3-115所示。

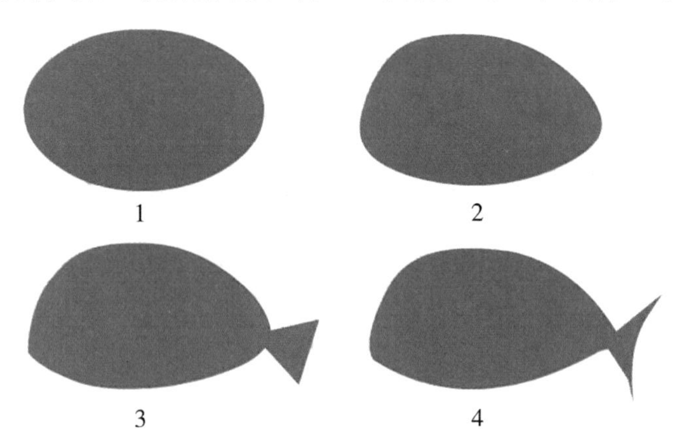


图3-115　绘制步骤

7. 新建影片剪辑“鱼游动02”，导入元件“鱼”，并在第25、50、75、100、125帧处插入关键帧，调整鱼的位置，创建补间制作鱼游动的效果，并导入到影片剪辑“游鱼”中，调整到合适位置，如图3-116、图3-117所示。

图3-116　游鱼动作

图3-117　整体效果

8. 返回影片剪辑“游鱼”，分别在三个图层的第15、85、100帧处插入关键帧，制作淡入淡出补间效果，如图3-118所示。然后分别对三个图层的第1帧和第100帧的影片剪辑进行色调的调整，设置值为默认，如图3-119所示。

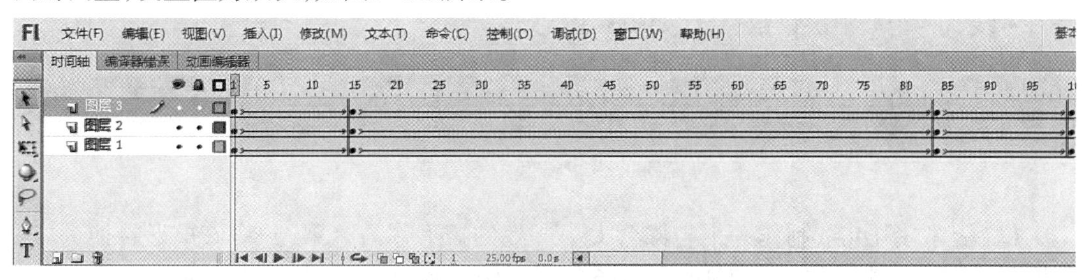


图3-118　制作淡入淡出补间效果

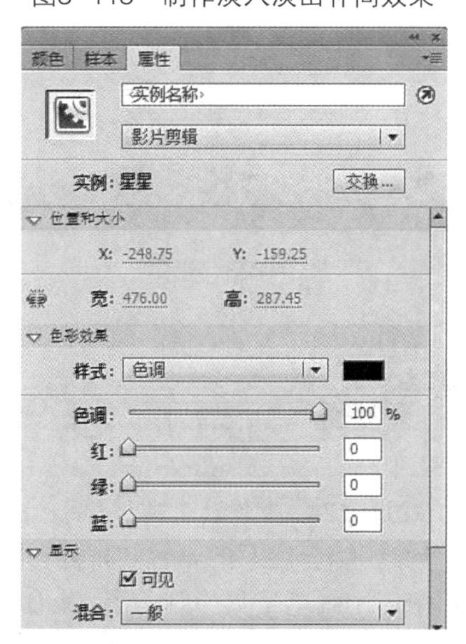


图3-119　属性设置

9. 在“综合层2”，新建影片剪辑“海浪02”，制作海浪效果，如图3-120所示。绘制一层海浪，转换为图形元件“海浪”，并制作位移动画，如图3-121所示。

图3-120　海浪效果

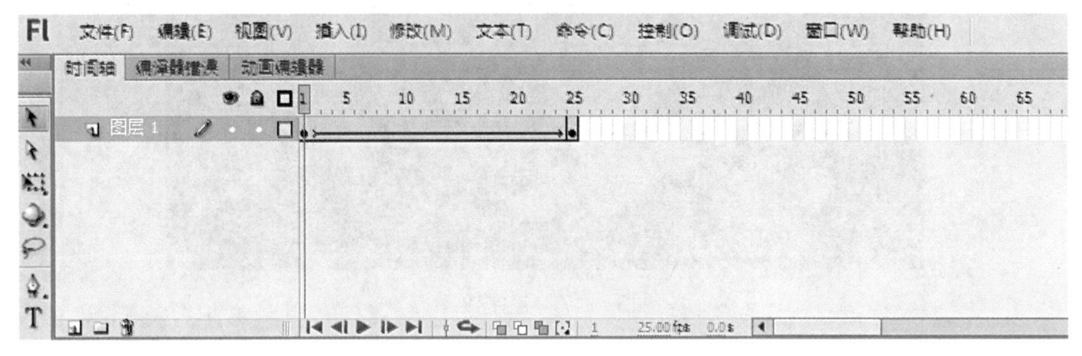

图3-121　制作位移动画补间

10. 将“海浪”导入影片剪辑“海浪02”，并复制4个海浪，分散到1~5个图层，拖出一条水平参考线，将4个海浪层错位叠放，如图3-122所示。

图3-122　多层海浪效果

11. 新建“图层6”，制作一个与舞台大小一致的矩形作为遮罩，并将该矩形转换为“深蓝背景”图形元件，如图3-123所示。对6个图层做淡入淡出效果，创建补间。如图3-124所示。

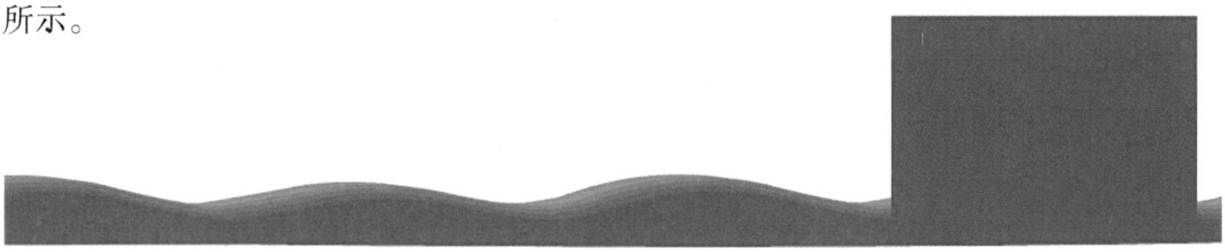

图3-123　遮罩

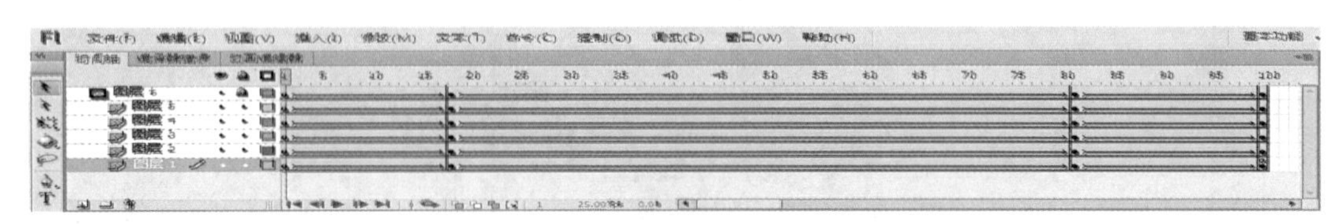
图3-124　制作淡入淡出补间

12. 将影片剪辑“海浪02”导入“综合层2”的第1747帧处，并调整到合适位置。新建影片剪辑“越过大海”。在“图层1”中使用画笔工具绘制一个LOGO，并转换为图形元件“卷”，如图3-125所示。

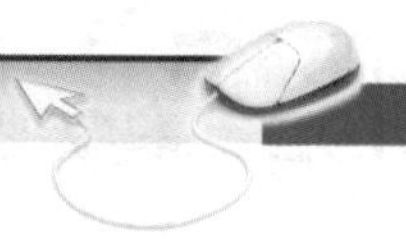

图3-125 卷效果

13. 新建“图层2”，在“卷”元件的左侧，插入文本“越过大海”，设置位置文字格式为“方正字迹-童体毛笔字体”，大小为“25点”，调整文字的颜色为(#FDC69D、#B3E6E8、#C6A2F9)，转换为图形元件，并调整到合适位置，如图3-126、图3-127所示。

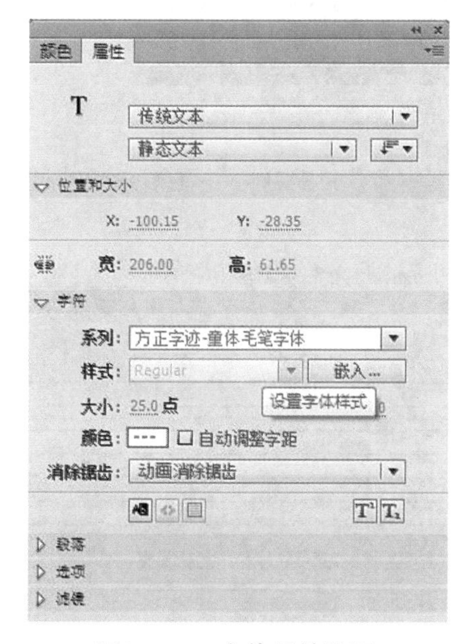


图3-126 字体属性设置

图3-127 文字效果

14. 为两个图层添加淡入淡出补间效果，在第15、85、100帧处插入关键帧，并制作补间，如图3-128所示。

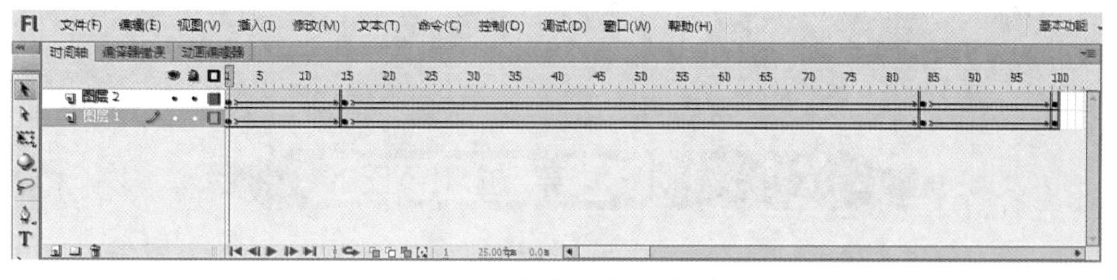


图3-128 添加淡入淡出补间效果

15. 将影片剪辑“越过大海”导入“综合层3”的第1747帧处，并调整合适位置，总体效果如图3-129所示。

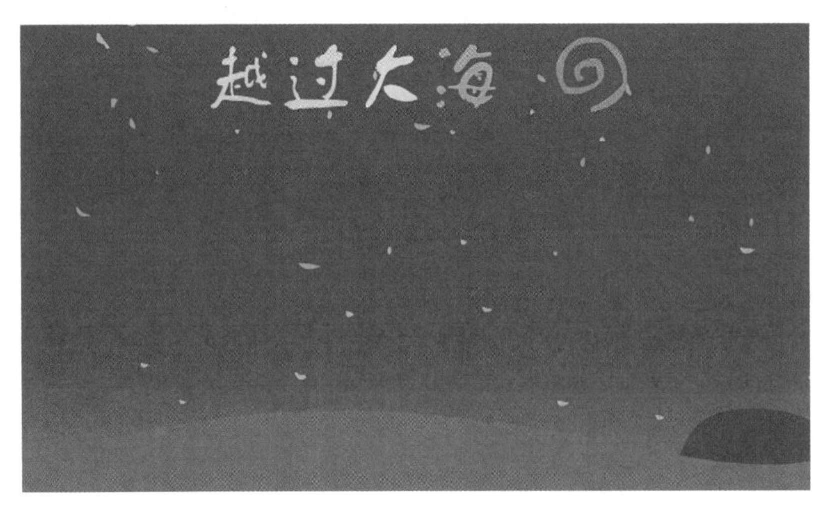


图3-129　整体效果

16. 在“综合层1”“综合层2”“综合层3”三个图层延长至第1847帧，并在第1848帧处插入空白关键帧，如图3-130所示。

Fl　文件(F)　编辑(E)　视图(V)　插入(I)　修改(M)　文本(T)　命令(C)　控制(O)　调试(D)　窗口(W)　帮助(H)

时间轴　编译器错误　动画编辑器

1775　1780　1785　1790　1795　1800　1805　1810　1815　1820　1825　1830　1835　1840　1845

遮幅
音乐2
音乐1
综合层4
综合层3
综合层2
综合层1

1848　25.00 fps　73.9 s

图3-130　插入空白关键帧

## 任务小结

在本次任务中，较为复杂的即为海浪效果的制作。通过本次任务的学习可以使学生在制作过程中学会充分利用遮罩动画，排除多余元素的干扰，并使其理解和掌握图层、元件的巧妙运用，从而实现动画的特殊效果，最终做出一个逼真唯美的动画。

## 任务引入

继“越过大海”之后，种子将越过山丘。本次任务中，主要运用Flash中相应的图形工具、文本工具、填充工具以及元件等，并结合之前所学的补间动画、逐帧动画，制作出风车转动、文字淡入淡出的动画效果。

## 任务分析

在本实例中，为了使风车的转动更为连贯，在制作过程中采用逐帧动画，在每一帧下修改风车位置，使其绕中心点旋转，当然也可以通过补间动画旋转实现。在制作过程中可以有效地区分逐帧动画与补间动画间的差别，针对于不同的动画效果合适地选择制作方法。

## 任务实施

1. 新建图形元件“山丘背景”，绘制山丘，如图3-131所示。

图3-131　绘制步骤

2. 新建“图层2”，使用三角形工具，在山丘上绘制风车的底座，如图3-132所示。

图3-132　山丘效果

3. 新建“图层3”，添加灰色背景，如图3-133所示。

图3-133　背景效果

4. 新建影片剪辑“旋转风车”，绘制风车，并转换为图形元件“风车”，如图3-134所示。

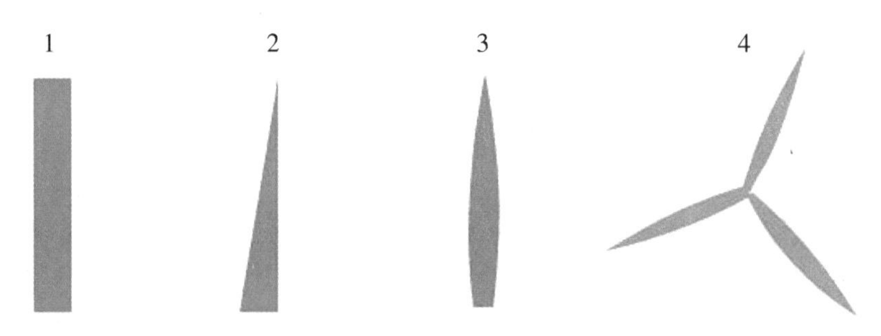


图3-134　风车绘制步骤

5. 对“风车”做补间旋转动画，调整中心点，顺时针旋转一次，如图3-135、图3-136所示。

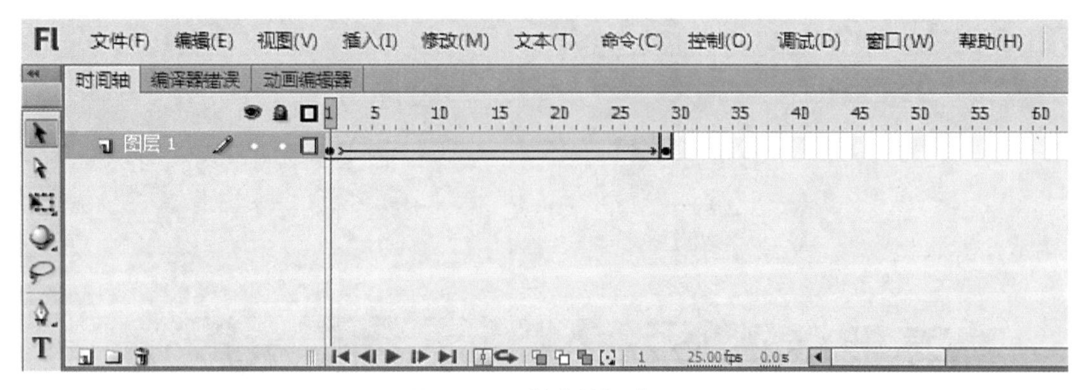


图3-135　创建补间动画

图3-136　设置旋转方向

6. 在“综合层1”“综合层2”的第1848帧处，分别导入“山丘背景”“旋转风车”，合并调整合适大小以及位置，如图3-137所示。

图3-137　整体效果

7. 分别在“综合层1”“综合层2”的第1863帧、1914帧、1927帧处插入关键字，制作淡入淡出效果，如图3-138所示。

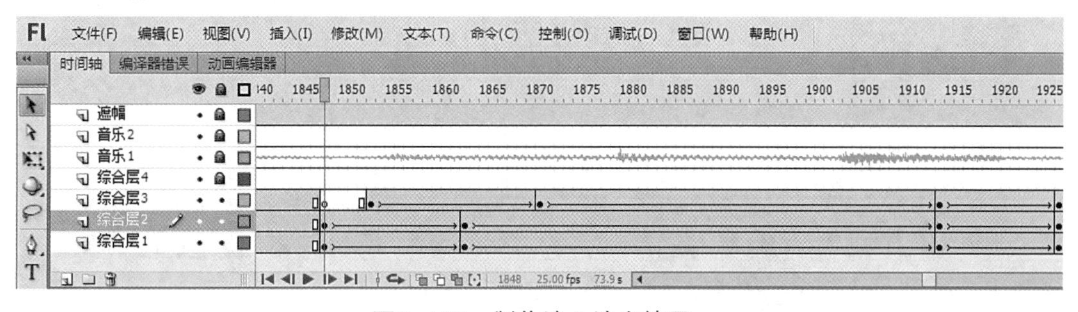


图3-138　制作淡入淡出效果

8. 新建图形元件“山丘”，使用文本工具，输入“山丘”，设置属性为“方正字迹-童体毛笔字体”，大小为“25.0点”，这两个字的颜色分别为(#592609)、(#5A5907)，如图3-139、图3-140所示。

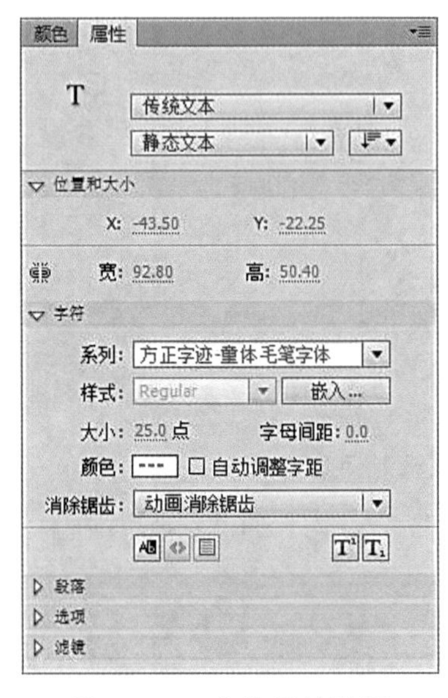

图3-139　字体属性设置

图3-140　文字效果

9. 在“综合层3”的第1853帧处，导入“山丘”，并制作淡入淡出效果，总体效果如图3-141所示。

图3-141　添加文字后的整体效果

## 任务小结

在动画制作过程中，一个效果可以通过不同的方法来实现，学生熟练掌握了不同的方法，就可以有效地、有针对性地选择，希望学生在练习本案例后可以更加深入地了解动画制作的要领，提高动画制作的技巧和效率。

# 分镜20 印入脑海

## 任务引入

本任务主要利用Flash中相应的绘图工具和填充工具来完成花海的不同形态绘制，并运用元件以及逐帧动画来完成形态多样的花海制作。其中结合变形面板以及颜色面板对图形进行修改，可以使绘制过程更加简便，并使最后的画面内容变化得比较自然合理。

## 任务分析

图形绘制是本次实例的重点，在花海制作中包含几十个不同的形态，需要学习者了解整个花海的变化过程，才可以完整地绘制出来，然而在绘制过程中需要合理使用工具，达到理想的内容。在绘图基础上再结合补间动画以及逐帧动画的运用，强调了动画制作的综合制作能力。

## 任务实施

1. 分别在“综合层1”“综合层2”“综合层3”的1928帧处插入空白关键帧。在“综合层1”的1928帧处，绘制一个褐色(#D1CCAD)的背景，并转换为图形元件，如图3-142、图3-143所示。

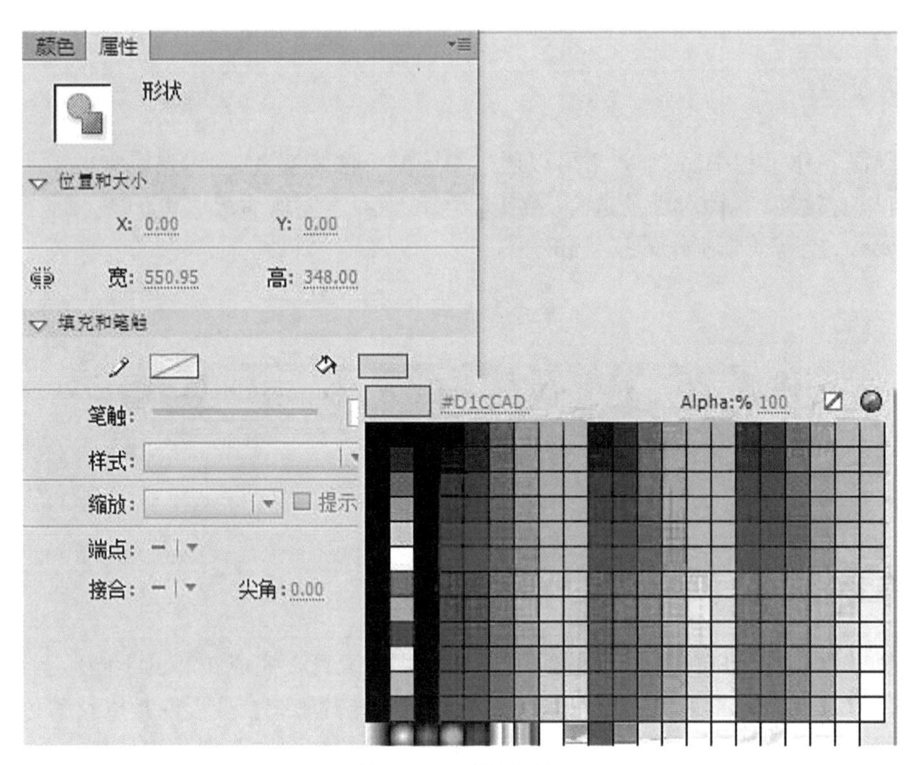


图3-142 属性设置

图3-143 效果图

2. 在“综合层3”的第1928帧处制作文本“在我的脑海里发芽”，并转换为图形元件，命名为“在我的脑海里发芽”。设置字体为“方正字迹-童体毛笔字体”，大小为“25.0点”，并分别将“在我的脑海里”“发芽”的颜色设置为(#411B0A)、(#385F39)，如图3-144、图3-145所示。

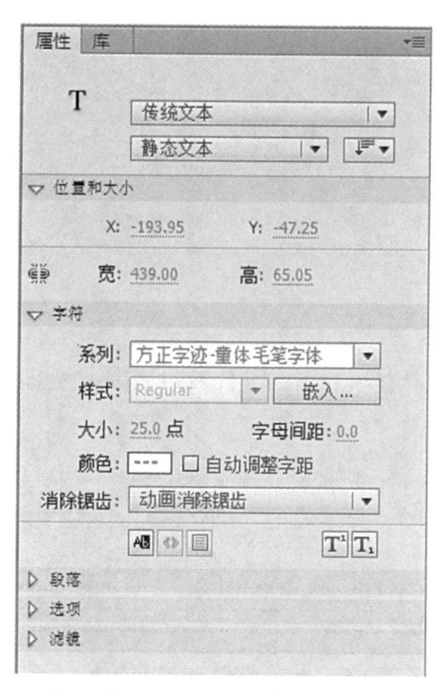

图3-144 属性设置

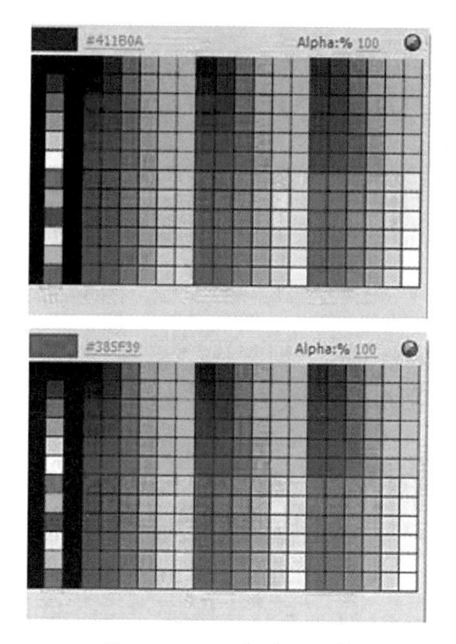


图3-145 颜色属性

3. 将“在我的脑海里发芽”这个元件调整到舞台的合适位置，如图3-146所示。

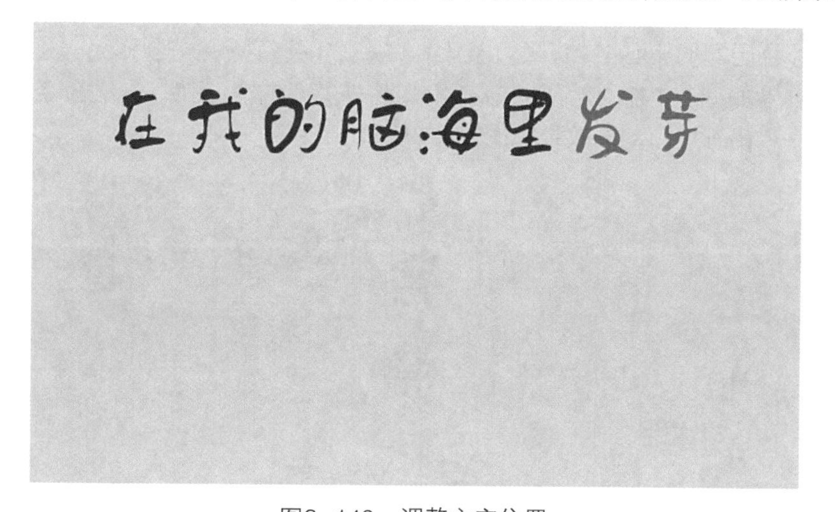


图3-146 调整文字位置

4. 分别在综合层的第1940帧、2011帧和2027帧处插入关键帧，制作淡入淡出效果，如图3-147所示。

图3-147 补间效果

5. 在“综合层2”的第1928帧处，新建图形元件“花海01”。绘制一个花的图形，如图3-148所示。

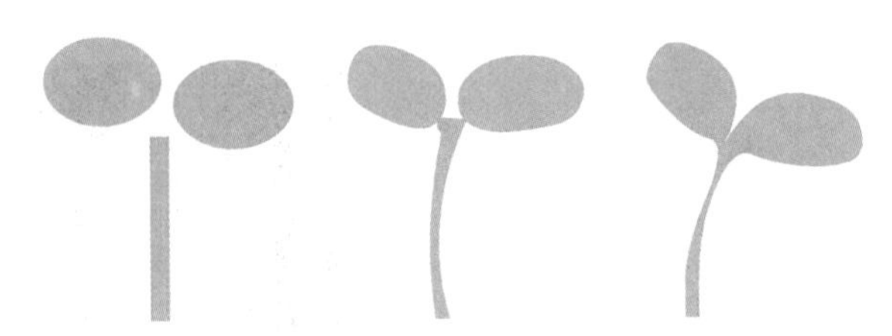

图3-148　“花海01”绘制效果

6. 调整元件“花海01”到舞台的合适位置，延长至第1941帧，并在第1940帧处插入关键帧，制作淡入补间效果，如图3-149所示。

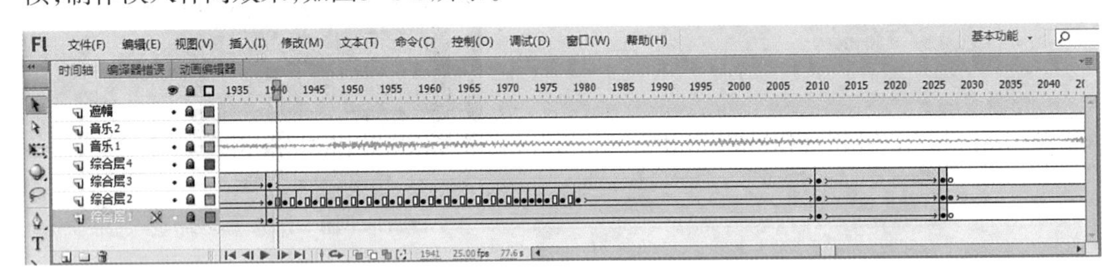


图3-149　制作淡入补间效果

7. 在“综合层2”的第1942帧开始，至第1972帧之间，每隔一帧制作一个逐帧变化的动画效果，帧效果如图3-147所示。并将各帧图像转换为图形元件，依次命名为“花海02”“花海03”……“花海17”，动画效果如图3-150所示。

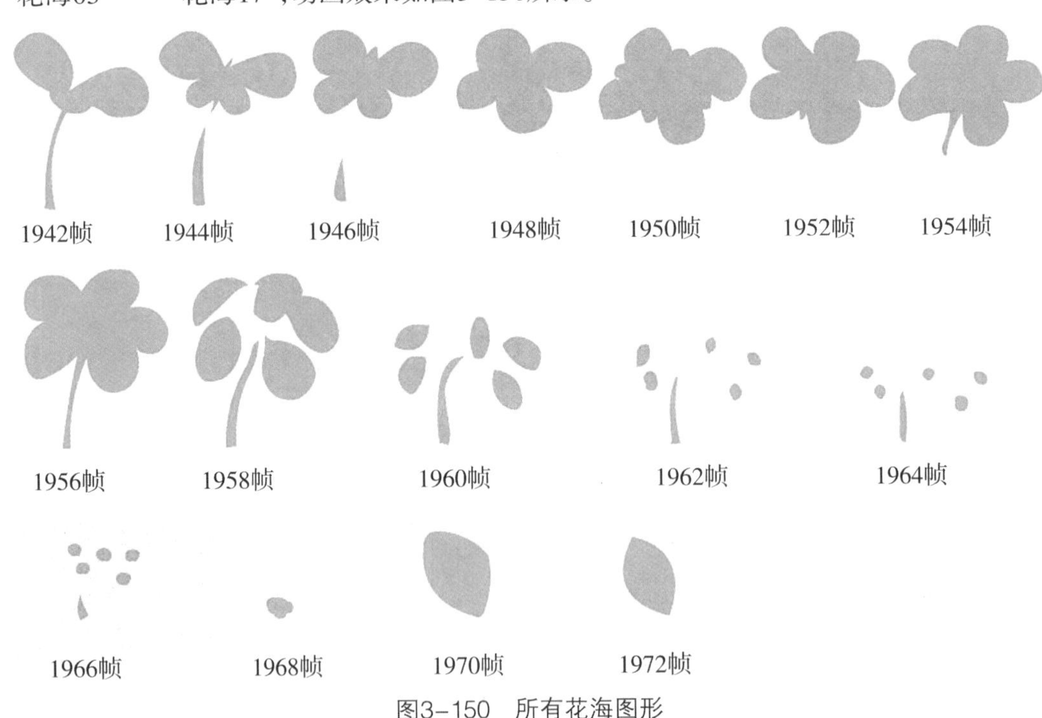


图3-150　所有花海图形

8. 在“综合层”的第1973帧处插入关键帧，再在第1974帧、1975帧和1976帧处插入关键帧，按“Ctrl+T”组合键调出变形面板，调整“花海17”的大小。变形属性设置如图3-151所示。

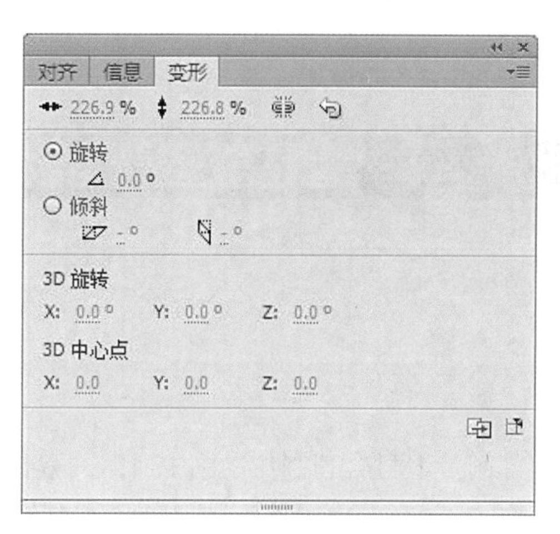


图3-151　变形属性设置

9. 在第1978帧和第1980帧处插入空白关键帧，制作"花海18"和"花海19"，并转换为图形元件。制作效果如图3-152、图3-153所示。

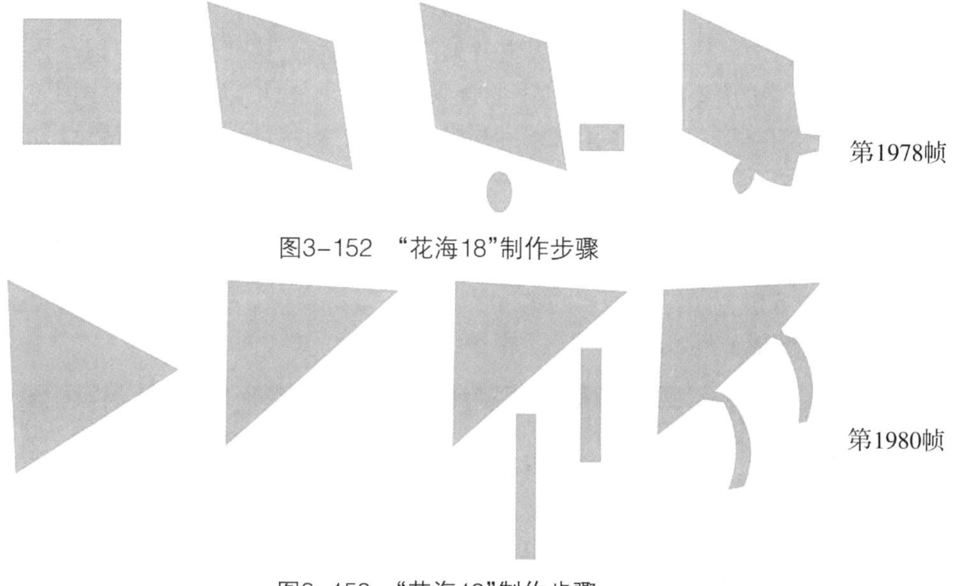


图3-152　"花海18"制作步骤

图3-153　"花海19"制作步骤

10. 在第2011帧、2027帧处插入关键帧，在第1980至第2011帧处制作位移补间，在第2011至2027帧处制作淡出补间。

11. 在"综合层1""综合层2""综合层3"的第2028帧处插入空白关键帧，完成以上内容。

## 任务小结

掌握对象的变化规律是本次任务的重点，通过此练习能提高学生的绘图能力，同时使其熟悉Flash中相应工具的使用。文字内容的设计，旨在使学生熟练使用文本工具，掌握特殊字体的设置，增强画面的美观感。

# 分镜21 穿越星空

## 任务引入

本次任务主要运用外部图片素材合理制作动画中所需的素材，在结合变形面板、元件以及之前所学的补间动画来实现星空的旋转效果，其中种子是利用之前任务中完成的元件，结合补间动画实现飞向天空的效果。本实例主要通过旋转设置来实现夜空转动的动画。

## 任务分析

背景的转动主要是实现动画的视觉效果，增强绚丽感，这部分制作可以运用动作补间动画，利用变形中的旋转修改关键帧下的背景方向实现。也可以使用前面学习过的其他类型动画，只要学生能够符合动画的需要，并将学习过的内容进行综合，灵活运用即可。

## 任务实施

1. 隐藏遮罩层，在“综合层2”的第2028帧导入素材星空背景，并执行分离（“Ctrl+B”组合键），转换为图形元件“星空背景”，如图3-154所示。

图3-154　星空背景

2. 在“综合层2”的第2189帧处插入关键帧，按“Ctrl+T”组合键调出变形面板，旋转-50°，如图3-155、图3-156所示。

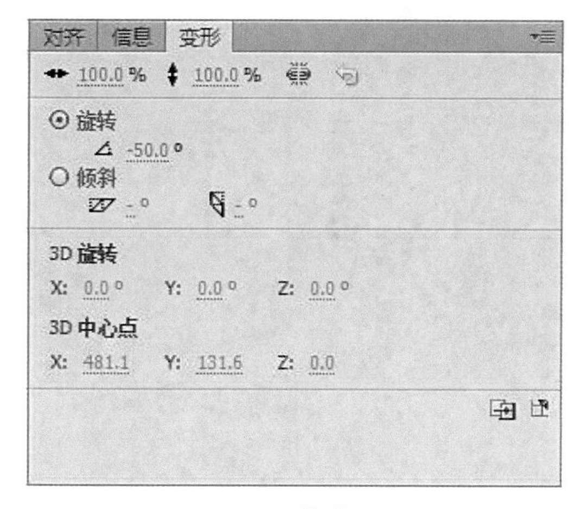


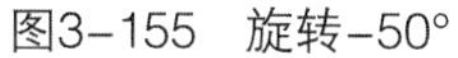
图3-155　旋转-50°

图3-156　旋转效果

3. 在“综合层3”的第2064帧处导入影片剪辑“种子发光”，并调整影片剪辑大小比例及其位置，如图3-157、图3-158所示。

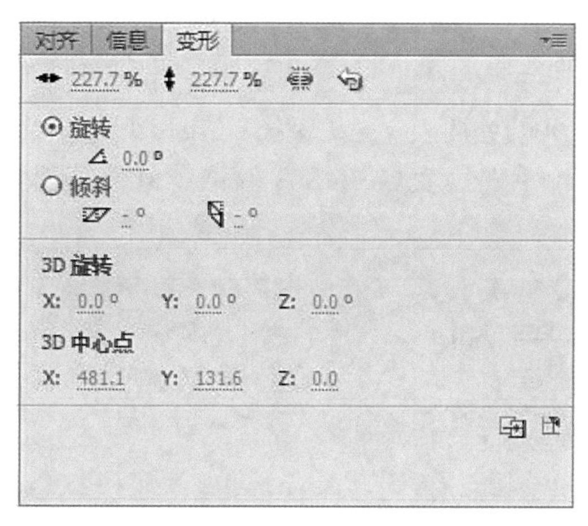


图3-157　大小调整

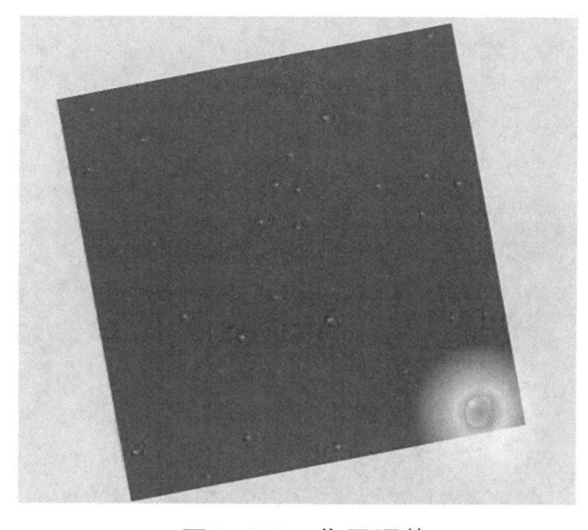

图3-158　位置调整

4. 在“综合层3”的第2189帧处插入关键帧，调整大小，如图3-159所示。

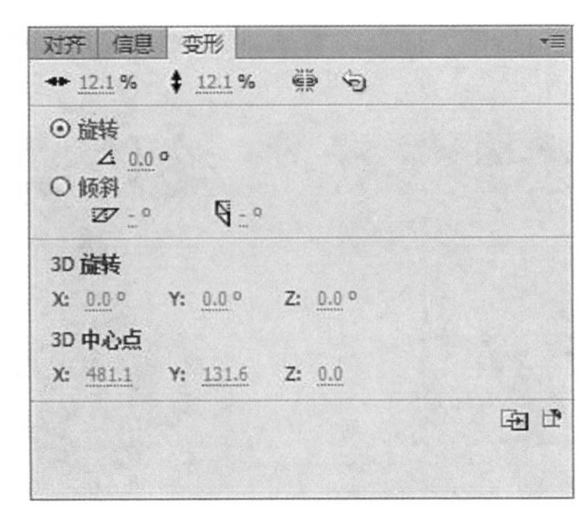


图3-159　大小调整

5. 创建画面补间动画效果，如图3-160所示。

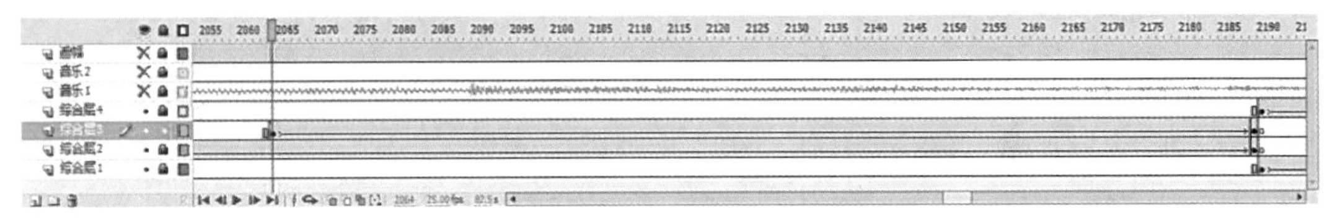

图3-160　补间效果

6. 在“综合层1”“综合层2”“综合层3”的第2190帧处插入空白关键帧，结束以上内容。

7. 在综合层1，使用矩形工具绘制一个覆盖舞台的蓝色(#3B4C68)夜空背景，属性设置如图3-161所示。

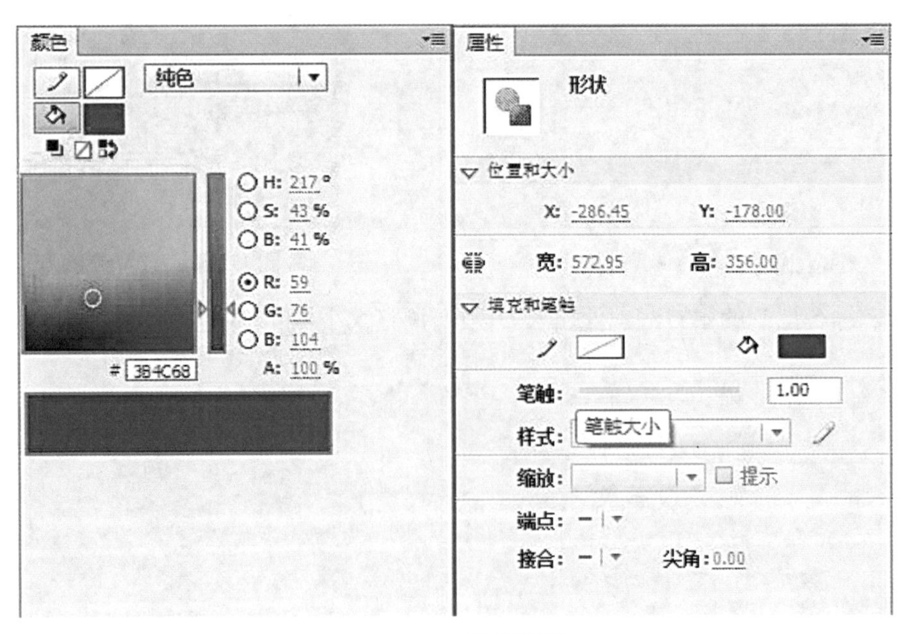


图3-161　属性设置

8. 延长夜空背景图层的帧至第2402帧处，效果如图3-162所示。

图3-162 效果图

## 任务小结

通过本次任务，使学生掌握变形工具中的旋转功能，并能更好地结合之前所学过的补间动画来实现对象的转动效果，学会分析角度问题。最终使学生在制作过程中，理解和掌握背景动画创作的方法，同时把握好换场的融合自然过渡的要领。

# 分镜22 星空醒悟

## 任务引入

本次任务主要通过Flash工具中文本工具、画笔工具和多边形工具来绘制动画中的内容素材，主要为文字图案，需要用到多种不同字体。在完成素材的绘制后，结合不同类型的元件，实现不同对象淡入淡出的动作补间动画。

## 任务分析

文字内容的动画在制作过程中会较为简易，但是同时需要练习者有较好的创造力，将简简单单的文字制作出有特色的动画效果。在对文字内容绘制中合理利用字体类型以及颜色，并在动画制作中运用之前所学过的动画类型，从而达到一定的效果。

## 任务实施

1. 在“综合层4”的第2190帧处，使用文本工具输入“星空中”，并转换为图形元件，命名为“星空中”。设置文字的属性为“方正字迹-童体毛笔字体”，大小为“25.0点”。设置“星”的颜色为(#F2C906)，“空中”的颜色为(#3D59BC)。设置属性及“星空中”效果图如图3-163、图3-164所示。

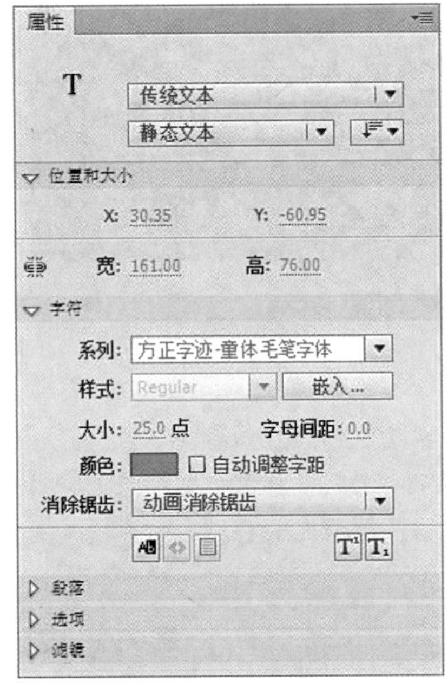


图3-163　设置属性

图3-164　“星空中”效果图

2. 在“综合层4”的第2228帧处插入关键帧并创建补间，为“星空中制作淡入效果”，帧设置如图3-165所示。

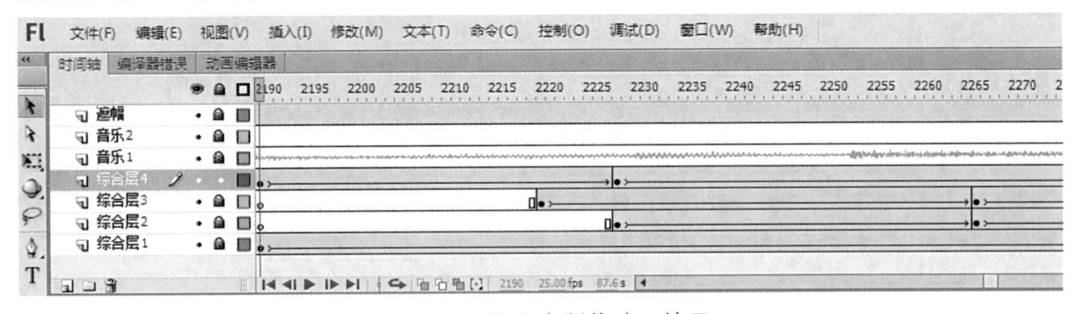


图3-165　星空中制作淡入效果

3. 在“综合层3”的第2221帧处插入空白关键帧，使用文本工具制作两段文本“还有多少美”和“好的”，将两段话转换为一个图形元件，命名为“还有多少美好的”，并设置字体为“方正字迹-童体毛笔字体”，大小为“33点”，两段文字的颜色分别为(#F96C06)、(#F50A68)。设置属性及效果如图3-166、图3-167所示。

图3-166 属性设置

还有多少美好的

图3-167 设置效果

4. 在“综合层3”的第2266帧处插入关键帧，制作淡入效果，参考图3-165所示。

5. 在“综合层”的第2228帧处插入关键帧，输入两段文本“梦想”和“呢”，并将两段文本转换为一个图形元件，命名为“梦想呢”。设置文本属性为“方正字迹-童体毛笔字体”，大小为“33.0点”，如图3-168所示。两段文字的颜色分别为(#CBEB14)、(#66FF00)。

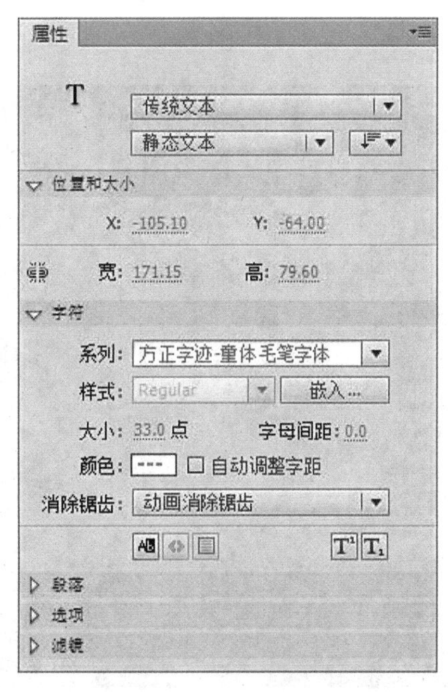


图3-168 属性设置

6. 设置完成后效果如图3-169所示。

图3-169 效果

7. 在图形元件“梦想呢”中，使用画笔工具和多边形工具制作问号效果，颜色分别为(#8A0CF3)、(#CCCC00)。制作效果如图3-170所示。

图3-170 制作步骤

8. 返回场景1，在“综合层2”的第2266帧处插入关键帧，制作淡入效果。整体效果如图3-171所示。

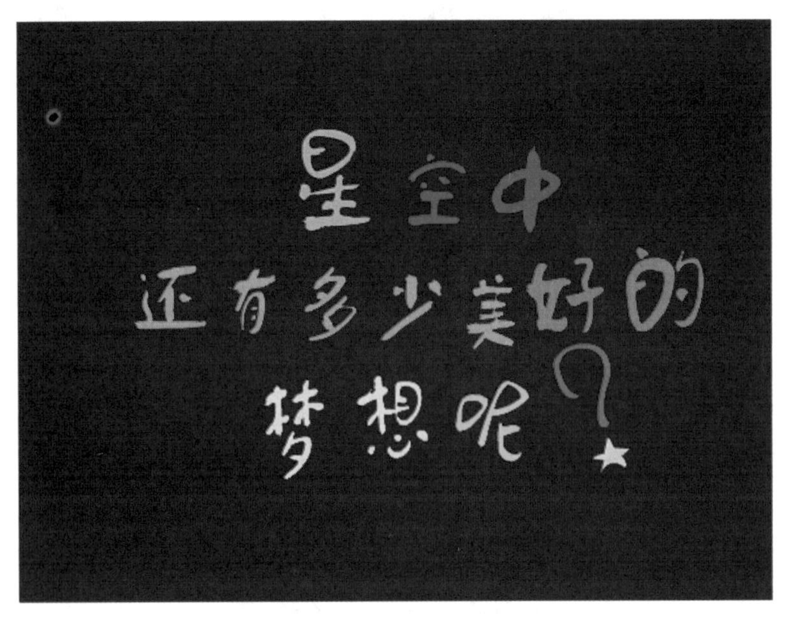


图3-171 整体效果

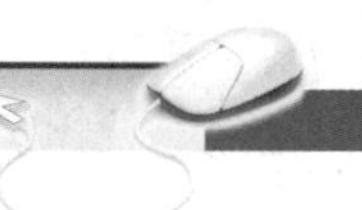

9. 在“综合层2”“综合层3”“综合层4”三个图层的第2371帧处插入关键帧，制作淡出效果，并在第2372帧处插入空白关键帧。补间效果如图3-172所示。

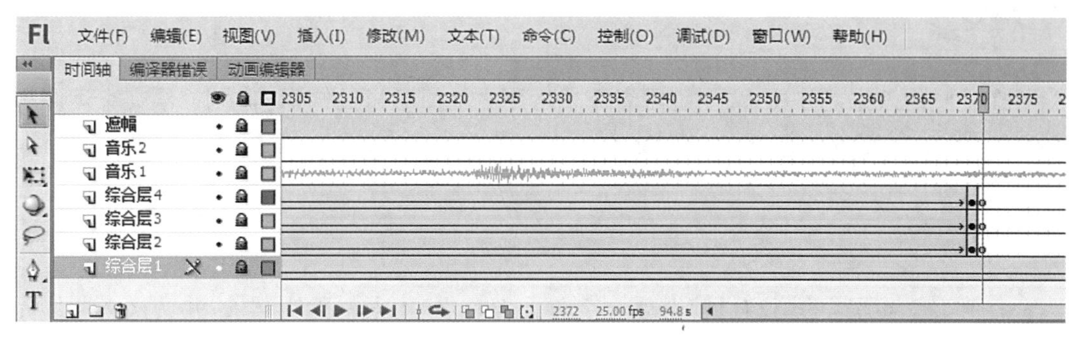


图3-172　制作淡出补间效果

10. 在“综合层1”的第2419帧处插入关键帧，制作蓝色背景淡出舞台效果，在第2420帧处插入空白关键帧，结束蓝色背景。如图3-173所示。

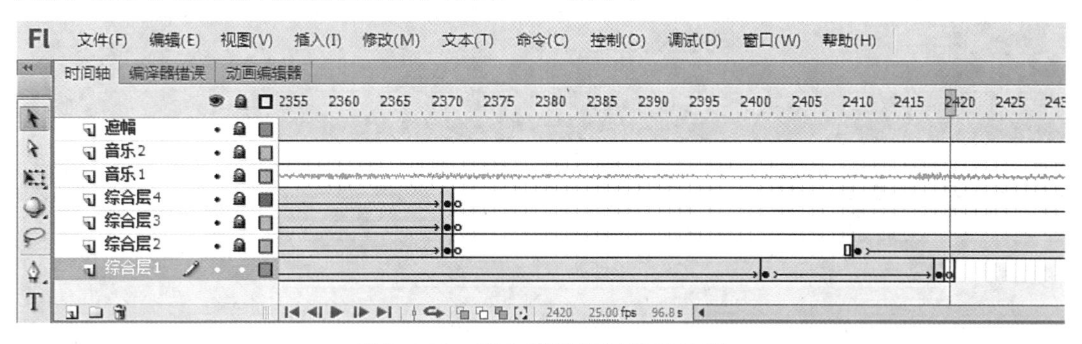


图3-173　蓝色背景补间淡出效果

## 任务小结

本次任务在制作过程中，步骤较为简便，主要强调学生在动画创作中的创新，使其能够充分利用所学过的动画知识，完成一个有特色的文字内容动画。

# 分镜23　标　语

## 任务引入

本次任务同样主要体现了文字内容的动画效果，这部分制作可以运用遮罩动画知识巧妙地制作文字中逐字出现的效果，主要通过一个矩形图形作为遮罩物，而文字作为被遮罩物，最后通过文字的水平移动补间动画，将文字逐一呈现。

## 任务分析

在动画的效果制作中，需要练习者综合运用之前所学过的知识。本例标语文字运用了遮罩原理，结合之前所学的动画技巧，制作出丰富的文字元素动画效果。

## 任务实施

1. 在“综合层2”的第2411帧处插入空白关键帧，导入素材天空背景，并转换为图形元件，命名为“天空背景”。如图3-174所示。

图3-174　背景效果

2. 分别在第2411帧、2505帧、2505帧和2780帧创建传统补间动画，制作天空背景淡入淡出效果和背景水平移动效果，如图3-175所示。

图3-175　制作天空背景淡入淡出

3. 新建“诗词”影片剪辑，在影片剪辑中创建9个图层，如图3-176所示。

图3-176 创建9个图层

4. 使用文本工具在“图层5”中输入“夢想無論怎麼模糊，”，设置文字字体为“方正康体繁体”，设置“梦想”两个字的大小为“30点”，设置“無論怎麼模糊，”大小为“20.0点”，调整到舞台合适的位置，如图3-177所示。

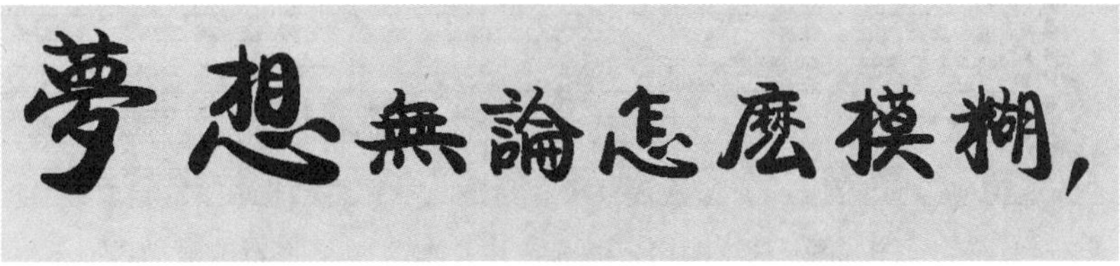

图3-177 文字效果

5. 在“图层5”的第1和第30帧创建传统补间动画，制作文本淡入效果；在“图层6”中绘制一个大小能覆盖文本的矩形并转换为元件“遮幅02”，作为“图层5”的遮罩层，如图3-178所示。并在第1和第40帧创建补间动画，制作移动效果。

图3-178 元件“遮幅02”

6. 在“图层4”的第56帧插入空白关键帧，并用文本工具，在合适位置输入“它總潛伏在我们心底”，如图3-179所示。

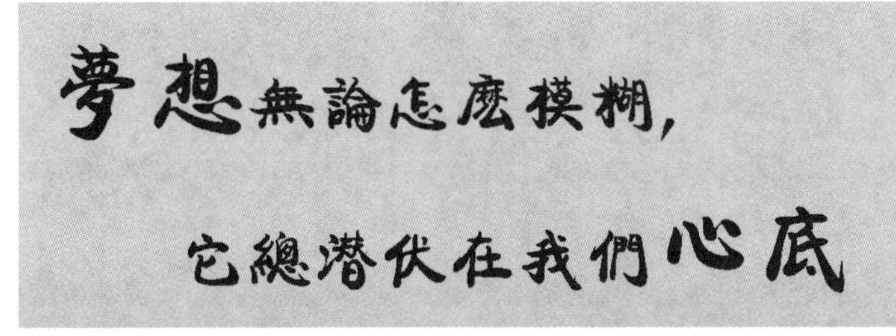


图3-179 “图层5”文字效果及位置

7. 用相同操作在“图层4”的第56帧和第89帧创建补间动画，制作文本淡入效果及遮罩效果，如图3-180所示。

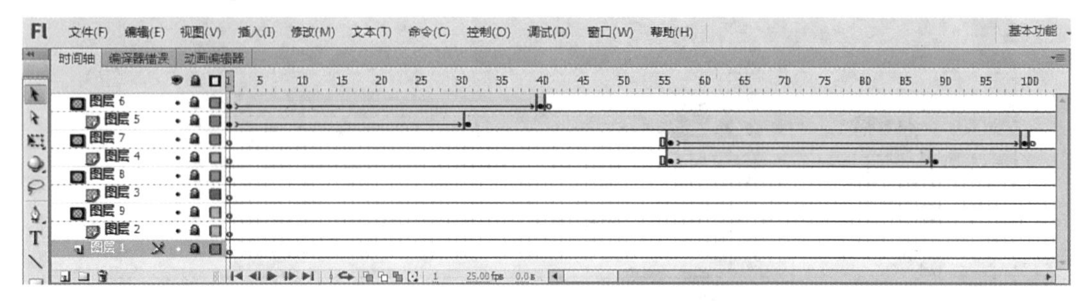


图3-180 “图层4”文本淡入及遮罩的帧效果

8. 用以上同样操作分别为“图层1”“图层2”“图层3”制作淡入效果，并遮罩合适的遮罩，如图3-181所示。

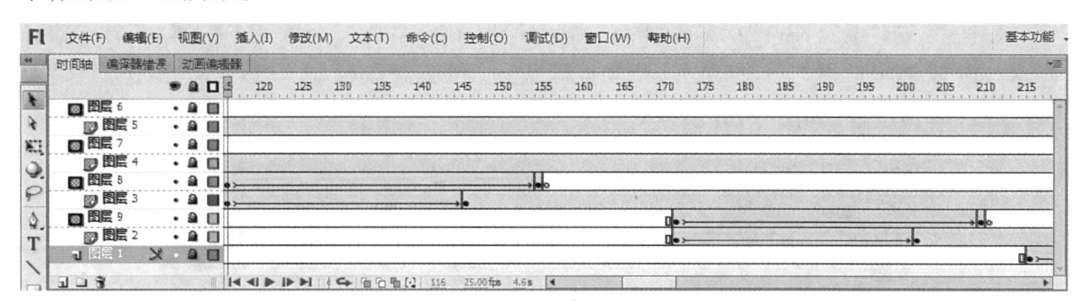


图3-181 “图层1”“图层2”“图层3”文本淡入及遮罩的帧效果

9. 具体文本位置调整如图3-182所示。

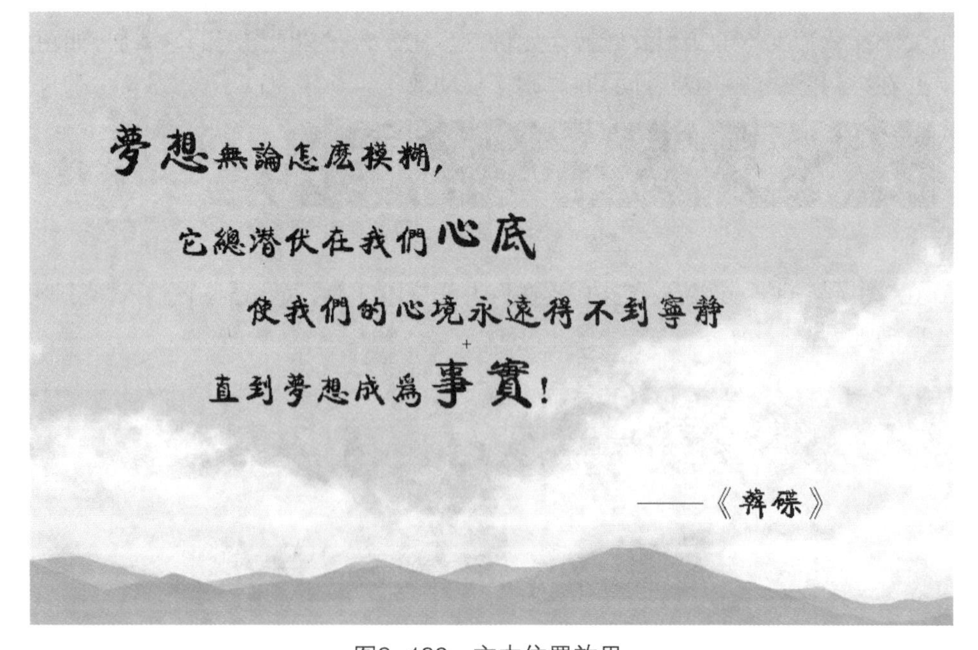


图3-182 文本位置效果

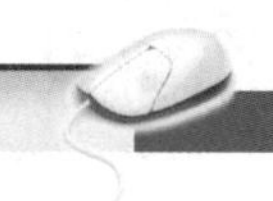

10. 分别在“图层1”“图层2”“图层3”“图层4”“图层5”的第270帧和第300帧处创建补间动画，制作文本淡出效果，如图3-183所示。

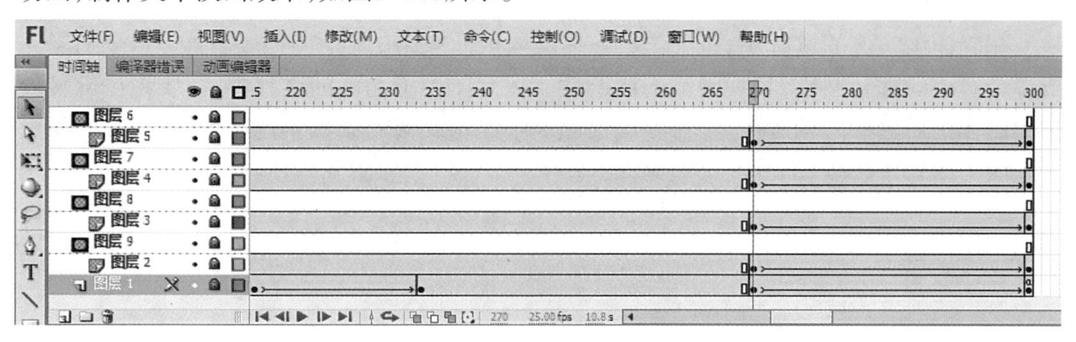


图3-183 图层1至5文本淡出效果

11. 将影片剪辑“诗词”导入场景的“综合层3”的第2505帧处，并延长帧至第2805帧处，在第2806帧处插入空白关键帧。如图3-184所示。

图3-184 延长帧效果

## 任务小结

遮罩动画是Flash动画中动画技巧的一种，通过遮罩层和被遮罩层实现特殊动画效果，希望学生在动画创作中可以多使用此类型动画技巧，制作流畅美观的动画效果。

# 分镜24 结 尾

## 任务引入

本次任务是整个动画的最后一部分，主要运用之前创建的元件，如发光的种子、手掌，并结合补间动画实现种子飞入空中并停留在空中的效果。最后慢慢出现手掌，直至遮挡住种子的动作补间动画效果，完成动画的最后一个画面制作。

## 任务分析

在制作该实例的过程中，主要学会掌握淡入淡出效果的动画制作，并通过多个图层完成多个对象的综合制作，实现画面的协调性。在制作种子动画的过程中，需要记住旋转效果的制作是通过补间动画类型，再在属性面板中设置旋转的参数实现的，最后通过补间做一个淡出的效果，完成动画的最后画面。

## 任务实施

1. 在“综合层3”的第2815帧处插入关键帧，导入影片剪辑“种子发光”，并调整到合适位置，如图3–185所示。

图3–185

2. 在“综合层3”的第2815和2841帧创建补间，制作旋转并淡入效果；同样在“综合层4”的第2815帧处插入空白关键帧，导入元件“手”，在第2815帧和第2841帧创建补间，制作淡入效果，如图3–186所示。

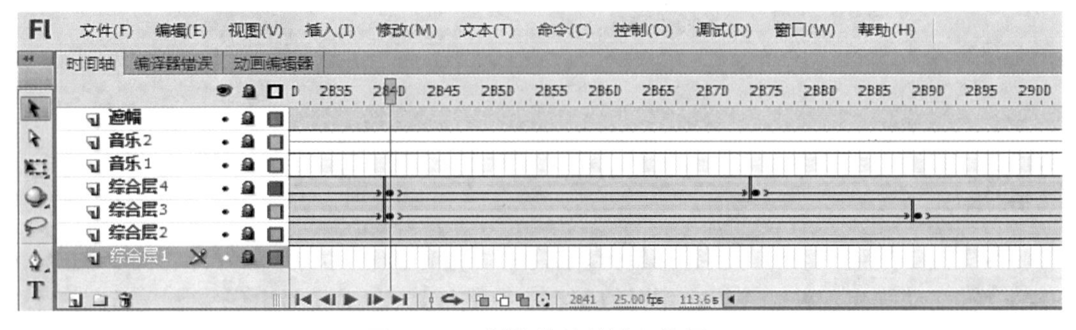


图3–186 制作旋转并淡入效果

3. 将元件“手”，覆盖住“种子发光”，即用手盖住种子，如图3-187所示。

图3-187　手覆盖种子效果

4. 在“图层4”的第2955帧处插入关键帧，调整手的位置下移，并做淡出效果；在“图层3”的第2989帧处插入关键帧，制作补间，种子旋转上移，在第3024帧插入关键帧，制作补间，种子淡出效果，如图3-188所示。

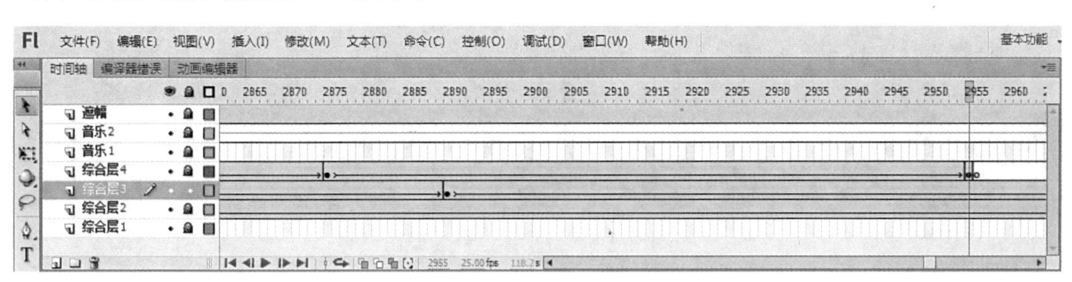


图3-188　移动及淡出帧效果

5. 手移出舞台，在“图层4”的第2956帧插入空白关键帧；在“图层3”的第2986帧和第3024帧直接制作补间动画，如图3-189所示。种子飞升消失。

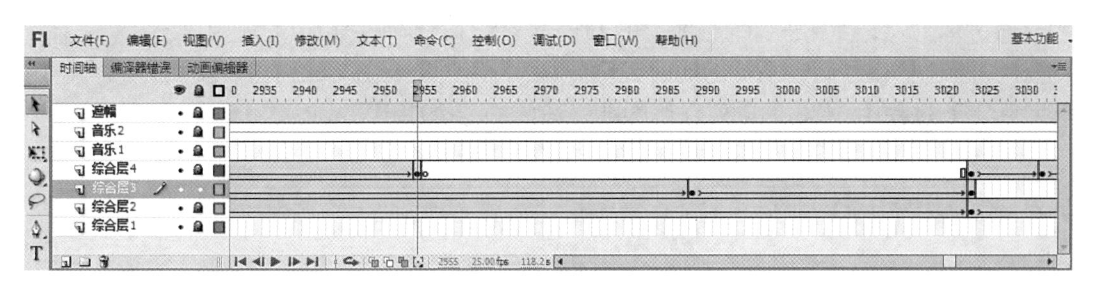


图3-189　消失效果帧设置

6. 制作结束语“END”。设置“END”淡入淡出效果和背景的淡出效果，帧设置如图3-190所示，效果如图3-191所示。

图3-190　制作文字淡入淡出补间效果

图3-191　结束文字效果

7. 整部作品制作完成，按“Ctrl+Enter”测试影片整体效果。

## 任务小结

通过本书综合案例的动画制作，可以加强学生对之前所学知识的巩固，使其掌握综合动画的分解制作。在知识掌握的同时，更加重要的是让学生学会如何将所学知识综合运用到实际案例过程中，本案例主要强调的就是技能的综合应用。